Kumkum Rajput

VIDA DENTRO DO FEL

Kumkum Rajput

VIDA DENTRO DO FEL

Biologia e ecologia da Pauropsylla depressa que vive nas galhas de Ficus glomerata (planta)

ScienciaScripts

Imprint

Cover image: www.ingimage.com

This book is a translation from the original published under ISBN 978-620-7-45843-1.

Publisher:
Sciencia Scripts
is a trademark of
Dodo Books Indian Ocean Ltd. and OmniScriptum S.R.L publishing group

120 High Road, East Finchley, London, N2 9ED, United Kingdom
Str. Armeneasca 28/1, office 1, Chisinau MD-2012, Republic of Moldova, Europe
Managing Directors: Ieva Konstantinova, Victoria Ursu
info@omniscriptum.com

Printed at: see last page
ISBN: 978-620-8-39948-1

Conteúdo

DR. KUMKUM RAJPUT

Prefácio

Uma das árvores comuns deste género é *Ficus glomerata* Roxb., e *Ficus racemosa* Linn. é um sinónimo da mesma. É conhecida pelos nomes comuns Udumbara, Umber, Gular e Doomar, e o seu nome inglês é Fig. Nativa de todas as partes dos trópicos, tem muitas utilizações, incluindo medicina e alimentação para o gado. A Ayurveda diz que enquanto a casca é refrescante, acre, galactagogue e benéfica para distúrbios ginecológicos, as raízes são úteis para a hidrofobia. As galhas são formadas por diversas espécies de insectos numa série de espécies de plantas. As galhas, que se formam normalmente no tecido meristamático, são o resultado de uma multiplicação celular aberrante provocada principalmente pela alimentação dos insectos.

Pauropsylla depressa sofre danos significativos na folhagem *de Ficus glomerata* Roxburgi quando as folhas de *Ficus glomerata* desenvolvem galhas devido a uma infestação por Crawford (Homoptera - Psyllidae). A histomorfologia, a ecologia e os componentes bioquímicos da planta hospedeira são alterados em resultado da formação de galhas *por Pauropsylla depressa.* As galhas são células, tecidos e órgãos vegetais anormalmente desenvolvidos que cresceram maioritariamente através de hipertrofia e hiperplasia (divisão celular excessiva), normalmente como resultado de organismos parasitas. As galhas são simples, globulares, sésseis, epífilas, uniloculares foliáceas e ocorrem tipicamente em grandes massas aglomeradas, carnudas e multiloculares. Na sua essência, uma galha oferece sustento e proteção ao inseto causador.

Os insectos *Pauropsylla depressa*, que causam galhas nas plantas *Ficus glomerata* em que vivem, são apresentados neste livro. O livro investiga a forma como os insectos se adaptaram para passar uma parte das suas vidas nos espaços apertados das galhas e detalha as várias tácticas utilizadas por vários grupos de insectos para localizar um local apropriado para a indução da galha, adquirir alimento, abrigo e acasalamento, bem como para sair da galha.

Os predadores, parasitóides, inquilinos e micróbios que se alimentam de insectos indutores de galhas são também examinados em Life within Gall, bem como os mecanismos de defesa utilizados pelos insectos contra os seus adversários. O livro discute os problemas que os insectos indutores de galhas podem causar na horticultura, silvicultura e agricultura e fornece ilustrações de várias espécies de pragas. De forma positiva, o livro explica os papéis vitais que os insectos galhadores desempenham na polinização dos figos, na gestão de ervas daninhas invasoras e na produção de alimentos nativos. O livro contém informações sobre a biologia, a ecologia e o controlo biológico dos insectos galhadores.

Estou certo de que os leitores acharão útil a secção "A vida na galha" de "O inseto da galha".

Kumkum Rajput

Data: janeiro de 2024

Agradecimentos

Gostaria de agradecer aos meus gurus por me terem encorajado a escrever este livro "Life Within Gall" e por me terem dado esta oportunidade. Este livro é baseado num inseto da galha da folha de *Ficus glomerata*. Gostaria de agradecer aos meus pais, ao meu marido, à minha filha Ojasvini Lodhi e aos meus filhos Atharva Lodhi e Hredaan Lodhi, que não me abandonaram mesmo em circunstâncias difíceis enquanto escrevia o livro e, ao mesmo tempo, trabalharam para aumentar o meu encorajamento. Um agradecimento especial é devido a toda a equipa da Editora, por ter feito chegar este livro às mãos dos leitores.

Dr. Kumkum Rajput

(M. Phil, Doutoramento, Ciências Zoológicas

CAPÍTULO 1

INTRODUÇÃO

As galhas de plantas causadas por insectos são sempre prejudiciais para a planta. Em diversas espécies de plantas, diferentes espécies de insectos desenvolvem galhas. As galhas são produzidas por *Pauropsylla* depressa em *Ficus glomerata*. Dentro da família Moraceae, o género Ficus tem mais de 850 espécies de árvores lenhosas, arbustos, trepadeiras, epífitas e hemi-epífitas. *Ficus racemosa* Linn., por vezes conhecido como Fig em inglês e pelos nomes populares Udumbara, Umber, Gular e Doomar, é um sinónimo de *Ficus glomerata* Roxb.

Placa 1. Distribuição da galha na planta hospedeira *Ficus glomerata*

Coletivamente designadas por "figueiras" ou "figos", estas plantas nativas encontram-se em todas as regiões tropicais, com algumas espécies a atingirem mesmo a zona temperada quente (Placa 1). Os figos são uma espécie temperada nativa do Médio Oriente e da Ásia Oriental que tem sido amplamente cultivada pelos seus frutos desde tempos antigos. Estes frutos são uma fonte essencial de alimento para a vida selvagem. Os figos são muito apreciados nas culturas tropicais pelas suas diversas aplicações utilitárias, bem como pelo seu estatuto de objeto de culto. Os figos habitam uma vasta gama de nichos ecológicos. Considere-se a figueira-chorona (*F. benjamina*), uma hemiepífita com folhas finas e duras em caules pendentes adaptada ao habitat das florestas tropicais, ou os figos-da-areia de folhas ásperas da Austrália, ou a figueira-comum, uma pequena árvore de folha caduca temperada cuja folha de figueira com dedos é bem conhecida na arte e na iconografia (*F. pumila*). A árvore de tamanho médio *Ficus glomerata* Roxb. pode atingir uma altura de 16 metros. A sua casca elíptica está coberta de manchas brancas e o seu teor de tanino é de 14%. As sementes de *Ficus racemosa* são numerosas, pequenas e em forma de grão; os figos, também chamados de Figo da Louca, são semelhantes a esta planta; verdes quando crus, cor de laranja, avermelhados baços a carmesim escuro, ou maduros. Os frutos amadurecem tipicamente de março a julho e têm um cheiro agradável, quase como maçãs para sidra, quando completamente maduros. São frequentemente impróprios para consumo. Podem ser utilizados para fazer geleia fria, desidratados ou moídos em farinha e consumidos com leite ou açúcar. O pó do fruto torrado é um alimento nutritivo para o pequeno-almoço, comparável às nozes de uva importadas (Parker, 1993). A análise do fruto produziu os seguintes resultados: 13,6% de humidade; 7,4% de albuminóides; 5,6% de gordura; 49,9% de hidratos de carbono; 8,5% de matéria corante; 17,9% de fibra; 6,5% de cinzas; 0,25% de sílica (SiO2); e 0,91% de fósforo (P2 O5).

4,0-7,4% do látex da árvore é constituído por caoutchouc. É possível fabricar folhas de solo impermeáveis com o látex do cooylum. A planta hospedeira, *Ficus glomerata*, é extremamente valiosa do ponto de vista económico e é considerada como um membro respeitável da comunidade médica da Índia. A Ayurveda diz que enquanto a casca é amarga, refrescante, galactogoga e nutritiva para doenças ginecológicas, as raízes são úteis para a hidrofobia. A leucorreia, os problemas sanguíneos, a sensação de ardor, a fadiga, as descargas de urina, a menorragia, a epistaxe e os vermes intestinais podem ser tratados com frutos. No sistema médico Unani, as folhas em pó combinadas com mel são administradas como afecções biliosas. Enquanto os frutos podem ser utilizados para curar condições como tosse seca, perda de voz, doenças dos rins e do baço, as folhas são adstringentes para os intestinos e benéficas em casos de bronquite. A casca ajuda nas hemorróidas e na asma. Os frutos são carminativos, estomáticos e adstringentes. Quando há diarreia ou hemorróidas, dá-se o sumo leitoso (Kritikar e Basu, 1919). Quando as raízes de *Ficus glomerata* são cortadas da planta-mãe, a água é isolada no interior do solo. Esta água é cuidadosamente recolhida e utilizada para vários fins. Os doentes com diabetes recebem-na de manhã em doses específicas (estômago vazio). As caixas de fósforos podem utilizá-la (Pearson e Brown, 1932). Isto torna a planta extremamente valiosa do ponto de vista económico para a humanidade. Descobriu-se que o inseto formador de galhas *Pauropsylla depressa* Crawford (Homoptera: Psyllidae) está severamente infestado nesta planta (Fig. 1 & 2).

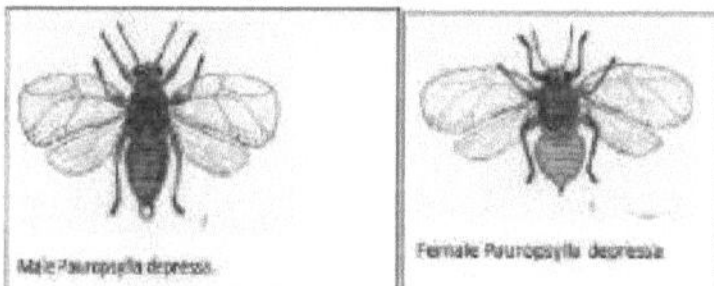

Fig. 1 & 2. *Pauropsylla depressa Macho e fêmea*

A sua biologia e hábitos de formação de galhas foram descritos por Mathur (1935) e Beeson (1941). Em infestações severas, as folhas ficam completamente glomeradas com muitas galhas (Placa 2) e as suas fases ninfais estão representadas em (Raman, 1932).

Placa 2. Folhas totalmente glomeradas

(Mani, 1954) fornece uma descrição da galha e da área de distribuição da espécie. A árvore gulular encontra-se em todos os quarteirões do distrito de Meerut, no oeste do Uttar Pradesh, e a galha *de P. depressa* é uma praga importante.

A maioria dos psilídeos forma galhas em diferentes partes das suas plantas hospedeiras. É comum que os organismos invasores, a irritação mecânica, as feridas e certos produtos químicos como os compostos mulagénicos, vários aminoácidos, o excesso de ácido indol acético e outras hormonas de crescimento das plantas gerem crescimentos aberrantes chamados galhas. A definição de um crescimento neoplásico é que "uma galha é essencialmente uma estrutura patológica, variando de um crescimento quase normal a um crescimento altamente complexo e anormal". "Portanto, as células, tecidos e órgãos das galhas são partes de plantas produzidas patologicamente que cresceram principalmente por hipertrofia (crescimento excessivo) e hiperplasia (divisão celular excessiva), tipicamente como resultado de organismos parasitas (Figs. 3 e Placa 3). Estes mostram como a planta respondeu a um invasor externo através do crescimento, e estão frequentemente ligados ao comportamento alimentar e à fisiologia nutricional do invasor. Assim, a interação interespecífica entre uma planta e um outro ser é o que dá origem à galha. As galhas epífilas, simples, globulares, sésseis, perfoliadas, uniloculares, encontram-se geralmente em grandes massas aglomeradas carnudas e multiloculares. Estas massas são amareladas, alaranjadas, avermelhadas ou castanho-avermelhadas, e são quase completamente desprovidas de clorofila. São também sempre perceptíveis contra o pano de fundo da folhagem verde escura. Em geral, "uma galha fornece ao inseto indutor nutrição e abrigo". Embora a fisiologia exacta da formação da galha seja ainda desconhecida, é geralmente aceite que uma secreção ninfal é o que inicia a formação da galha. A lâmina alargada e invaginada é, de facto, o que são as galhas. Tamanho: 5-10 mm de diâmetro.

Fig. 3 Folhas galináceas de F. glomerata

São crescimentos aberrantes que podem ser encontrados em muitas folhas, galhos, raízes ou flores de plantas diferentes. De acordo com Mathur (1975), a galha é o culminar de uma série de mudanças que a planta hospedeira fez para acomodar o inseto indutor.
Pode ser difícil distinguir algumas galhas das formadas por insectos, uma vez que algumas são consequência de infecções por bactérias, fungos ou nemátodos. As galhas são uma extensão de um desenvolvimento anormal (Mani, 1973).

Placa 3. Galhas na folha de F. glomerata

Os afídeos, mosquitos, vespas, ácaros e outros insectos que se alimentam das plantas ou aí depositam os seus ovos são as principais causas das galhas, uma vez que irritam ou estimulam as células vegetais. As galhas têm normalmente paredes espessas e são quase sólidas; à medida que envelhecem e amadurecem, desidratam-se através de aberturas laceradas na parte inferior, libertando a ninfa de psilídeo completamente desenvolvida mesmo antes da emergência do adulto. Ossíolo destruído e hipofílico. Uma banda larga e circular de parênquima indiferenciado que rodeia o núcleo da câmara de galha está envolvida pela epiderme. O parênquima anular é composto por camadas concentradas de células fragmentadas e de crescimento irregular. O parênquima tem um grande número de veias superficiais e profundas. O tecido esponjoso e a paliçada estão completamente ausentes. Uma pequena abertura fistular pode ser vista na parte inferior de algumas galhas juvenis, mas à medida que as galhas envelhecem, o crescimento celular faz com que esta via se feche quase completamente. As formações anómalas denominadas galhas nas folhas das plantas impedem os processos fotossintéticos da planta. Como resultado, as galhas prejudicam sempre as plantas e causam um impacto negativo no seu crescimento ou atrasam-no. O processo fotossintético não é significativamente prejudicado por uma ou duas galhas numa folha, mas é gravemente afetado quando toda a folha desenvolve galhas galináceas e gravemente deformadas. As folhas são os fabricantes da fotossíntese, que produz hidratos de carbono para o crescimento das plantas, a transpiração e outros processos. As folhas tornam-se impróprias para estas actividades quando se tornam galináceas. O desenvolvimento das galhas provoca numerosas alterações histológicas e bioquímicas nas folhas. Para saber mais sobre todas estas alterações, foram efectuados estudos sobre a histomorfologia e a ecologia das galhas foliares de Ficus glomerata Roxb. causadas por Pauropsylla depressa Crawford. A história do estudo dos efeitos de variáveis bióticas e abióticas na praga *Pauropsylla depressa* Crawford de Ficus glomerata estende-se por várias décadas. No início do século XX, *Pauropsylla depressa* Crawford foi formalmente descrita. A taxonomia e a identificação desta espécie foram facilitadas por entomologistas e taxonomistas, lançando as bases para investigações futuras. As observações de pragas e dos seus efeitos nas culturas encontram-se frequentemente em registos históricos agrícolas e botânicos. Em áreas onde *a Pauropsylla depressa* é comum, é provável que existam relatos de infestações em *Ficus glomerata.* É possível que os primeiros agricultores e agricultores tenham observado os danos que *a Pauropsylla depressa* causava às árvores *de Ficus glomerata.* Estas descobertas podem ter despertado a curiosidade sobre as variáveis que afectam a prevalência da praga e o grau de danos.

De acordo com Dhiman e Vinay (1983), a praga danifica gravemente a folhagem de *Ficus glomerata* Roxb. infestando-a e formando galhas nas suas folhas. De acordo com Mani (1973), as galhas são crescimentos anormais nas folhas das plantas que impedem a capacidade de fotossíntese da planta.

Mani (2002) observou que *Apsylla cistellata* causou galhas semelhantes a cones nos meristemas apicais de rebentos vegetativos de *Mangifera indica.* De acordo com Singh (2002), o papel da folha de T. hirsute em T. tomentosa é epífilo, envolvendo o enrolamento de duas margens em direção à nervura central, galha torcida irregularmente inchada.

De acordo com Chen (2005), a maioria das galhas de psilídeos são monoloculares, o que significa que apenas um instar se forma dentro da galha. P. triozoptera em *Ficus ampelas* e *Ficus irisaria* (Moraceae) produz galhas cónicas. As galhas *de P. depressa* são caracterizadas por uma projeção pontiaguda e esférica sobre a superfície da folha, de acordo com Rahman (1932).

Barnes (1930) observou que os Tingidae, Psyllidae, Aleurodidae e Coccidae são aliados dos mosquitos da galha (Cecidomyidae). Ferrière (1926) observou que *Psyllia pyrisuga* é um parasita. Alguns himenópteros parasitas economicamente significativos foram registados por Gourlay em 1930.

O ciclo de vida do parasita *Tetrasticus radiatus* em *Euphalerus citri* Kuwa e o seu hiperparasita foram documentados por Husain e Lala Dina Nath em 1923. Trabalhando sobre os parasitas Chalcid de Psyllidae, Waterston (1922-1923) escreveu notas sobre Hymenoptera parasitas. Os parasitas de insectos Psyllidae foram descritos por Lal em 1934.

Em 1955, Tachikawa relatou um género parasita de Enchyrtidae num Psyllid. 1956; Tachikawa uma nota adicional sobre os géneros de Entyrtidae que parasitam Psilídeos. Em 1944, Thompson fez um inventário dos Parasitas e Predadores de Insectos. Parasitas de hemípteros. Waterston (1922) referiu que os parasitas de psilídeos eram Chalcidoides.

No início da década de 1920, foram trazidos do México e do Panamá vários adversários indígenas, mas nenhum deles se fixou (Rohrbach *et al.* 1988). Nascidas em 1935-1936 em Maui, onde a Paratrechina longicornis era a espécie de formiga dominante, *Anagyrus ananatis* e *Hambletonia pseudococcina*, nativas do Brasil e da América Central, revelaram-se bem sucedidas.

Registou-se uma grande parasitagem e uma grave murchidão do ananás (Carter 1945). Um predador cecidomiídeo (*Vincentodiplosus pseudococci*), um parasitoide encyrtid (*Euryrhopalus propinquus*), e dois predadores coccinelídeos menos potentes (*Scymnus nephus*) *bilucenarius* e *Scymnus uncinatus*) estão entre as outras introduções que se sabe terem se estabelecido.

Os inimigos naturais de *Heteropsylla cubana* Crawford (Homoptera: Psyllidae) no Hawaii foram referidos por Funasaki *et al.* em 1990. Na área da Baía de São Francisco, Blstadt e Hagen (1994) identificaram interações entre plantas predadoras e presas, bem como o controlo biológico clássico do psilídeo da Acacia, *Acizzia uncatoides* (Homoptera: Psyllidae). Debras *et al.* (2000) referiram-se ao controlo de psilídeos de pereira em pomares e à seleção de espécies para chapéus compostos. Os estudos da tabela de vida de *Curinus coerulus* Mulsant, um predador exótico de *Heteropsylla cubana* Crawford, foram relatados por Jalali e Singh em 1993, Kuniata (1994) relatou a introdução e o estabelecimento de *Heterosylla spinulosa* (Homoptera: Psyllidae) na Papua Nova Guiné como medida de controlo biológico de Mimosa invisa. Em Papua, Nova Guiné, Kuniata e Korowi (2001) registaram o controlo biológico de *Heteropsylla spinulosa* (Homoptera: Psyllidae) numa planta gigante e sensível. Em 1953, Kurian publicou uma descrição de um novo Chalcid

parasita que se alimenta do mosquito da galha do equinate nas folhas de manga. Os efeitos do Neam Azal T/S e de outros insecticidas no psilídeo do pistácio *Agonoscena targionii* são relatados por Lababidi (2002). Além disso, os aspectos biológicos e ecológicos de Olla-V. nigrum (Coleoptera: Coccinellidae) sobre Psylla sp. (Homoptera: Psyllidae) foram referidos por Kato *et al.* (1999). O fenoxicarbe e a diapausa foram referidos por Krysan (1990) como um meio potencial de controlo da Psylla pereira (Homoptera: Psyllidae). Liu et. al. (1990) estudaram o território de mineiros e de outras aves que afectam as populações de insectos que são presas, em Aplicação de fungos entomopatogénicos como controlo biológico do psilídeo Leuaena, *Heteropsylla cubana* Crawford (Homoptera: Psyllidae) em Taiwan, Loyn, *et. al.*, (1983). Os ancilostomídeos foram identificados por Lange *et al.* (1974) como predadores eficientes de pequenas pragas fitófagas. Larguier (1991) estudou os efeitos do fenoxicarb em Psylla pyari L., um psilídeo da pereira (Homoptera: Psyllidae). De acordo com McFarland & Hoy (2001), sob vários regimes de humidade relativa e temperatura, *Diaphorina citri* (Homoptera: Psyllidae) e os seus dois parasitóides, *Tamarixia radiata* (Hymenoptera: Eulophidae) e

Diaphorencyrtus aligaehensis

(Hymenoptera: Encyrtidae), sobreviveram. Os hábitos alimentares e o status de praga de *Ctenarytaina thysanuran* (Ferris e Klyver) (Hemiptera: Psyllidae) em parasitas e hiperparasitóides em *Boronia megastigma* (Nees) foram documentados por Mensah & Madden em 1992. *Heteropsylla cubana* Crawford (Homoptera: Psyllidae), o inimigo natural do psilídeo da Leucaena, foi objeto de investigação por Nakahara e Funasaki (1986). Um estudo ecológico sobre o psilídeo do pistácio (Agonoscena targionii) (Licht) (Homoptera: Psyllidae) na região de Masul, no Iraque, foi efectuado por Mohammed e Sheet em 1989. O controlo da Pear psylla foi relatado por Ciglar & Baric (1992). Homoptera: Psyllidae; Psylla pyri em pomares comerciais no nordeste da Yugostevia. Parasitas ligados ao psilídeo da Leucaena, *Heteropsylla cubana* Crawford, no Havai foram documentados por Beardsley & Uchida em 1990.

CAPÍTULO 2

Ciclo de vida dos insectos indutores de galhas

As plantas hospedeiras primárias de *Ficus glomerata* Roxb. encontram-se em grande número no distrito de Meerut e nas suas áreas circundantes, onde as observações de campo foram restringidas. Foram utilizados os seguintes recursos e técnicas para várias investigações:

A. Recolha de amostras - Foi recolhida uma amostra de insectos da planta hospedeira, *Ficus glomerata* (*F. recemosa*), situada no campus, no distrito de Meerut, Uttar Pradesh, Índia, onde se encontra a planta hospedeira de *Ficus glomerata*. Consequentemente, a amostra foi selecionada à mão e colocada em sacos de polietileno com as folhas galhadas da planta *F. glomerata*. Foi escolhido um galho saudável com folhas jovens de *F. glomerata* a fim de registar a formação de galhas. Uma fêmea recém-acasalada *de Pauropsylla depressa* foi libertada para a postura de ovos dentro de uma fina tela de musselina que cobria estas folhas (placa 4). Após a oviposição, a fêmea foi retirada. Até o 5º instar ninfal maduro emergir da galha através de uma abertura lacerada, o tamanho e a cor da galha foram anotados regularmente. As dimensões e a forma da galha foram observadas utilizando um microscópio binocular. Para investigações histomorfológicas, folhas saudáveis e infestadas com galhas de *F. glomerata* foram também recolhidas de vários locais e fixadas em vários fixadores.

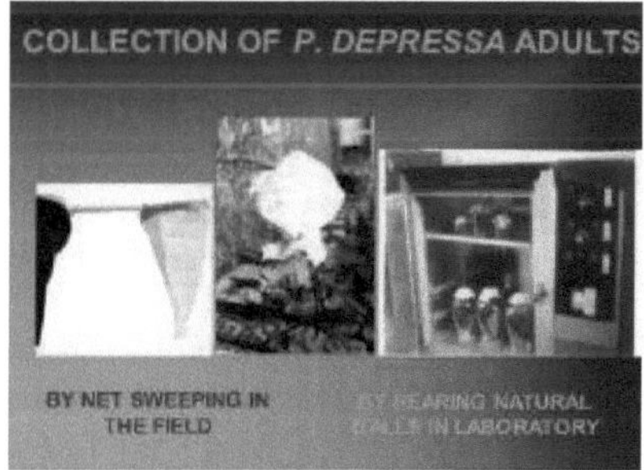

Placa 4. Métodos de recolha de insectos da galha

(B) Para estudos histomorfológicos: - Sob um microscópio binocular, a morfologia das galhas e das folhas saudáveis foi examinada através da observação das caraterísticas externas, da estrutura interna, da variação de tamanho, da forma e de outras caraterísticas dos três diferentes fagos de galhas: jovens, maduros e velhos. Quando as folhas infectadas de *Ficus glomerata* foram arrancadas, era visível a estrutura das galhas monoloculares e multiloculares.

Amostras de folhas com galhas em vários estádios de desenvolvimento foram fixadas em FAA (formalina, ácido acético e álcool etílico a 50%, 1:1:18, v\v) para observações anatómicas. As folhas foram depois desidratadas com uma série de etanol e incluídas em parafina. Utilizando um micrótomo rotativo, foram cortadas secções transversais e longitudinais em série com espessuras de 6, 8, 10 e 12 mm. Os cortes histológicos foram corados com azul de astra, fucsina e verde rápido, bem como com safranina. Para algumas observações, foram também utilizadas porções cortadas à mão do material vivo. A combinação de hematoxilina ironalum de Heidenhain e laranja "G" provou ser a coloração mais eficaz para uso geral; no entanto, algumas secções também exigiram a utilização de safranina e violeta de genciana.

Placa 5. Armário de controlo da temperatura e da temperatura ambiente.

C Para estudos ecológicos: -Foram efectuados **vários** inquéritos em várias regiões do distrito de Meerut e nos seus arredores para este efeito.

Utilizando um armário de controlo da temperatura e da humidade, foram observados os efeitos de vários parâmetros ecológicos, como a temperatura e a humidade relativa (placa -5). Para o efeito, uma quantidade pré-determinada de plantas adultas *de P. depressa* com folhas frescas de plantas hospedeiras foi mantida em chaminés de lanterna de vidro furacão (placa - 6). Estas chaminés tinham um petrídeo colocado no fundo e um pano de musselina fina a cobrir o topo. Estas chaminés estavam situadas dentro do armário que controlava a humidade e a temperatura. Estas foram expostas a 0, 20, 40, 60, 80 e 100 graus Celsius de temperatura, bem como a vários níveis de H.R.

O estudo centrou-se no ciclo sazonal no distrito de Meerut e nas suas áreas circundantes, que albergam uma população significativa das principais plantas hospedeiras de *F. glomerata* Roxb. Foram escolhidas ao acaso várias plantas do campo. Além disso, as folhas infectadas foram retiradas aleatoriamente das plantas em vários meses, tendo sido registada a percentagem de infestação. O número de adultos foi também determinado para cada uma das cinco varreduras efectuadas em meses diferentes, utilizando uma rede manual de recolha de insectos. Utilizando um termómetro de campo e um higrómetro de mostrador, foram também registados os dados relativos à temperatura e à humidade (Placa - 5).

D. Efeito das galhas na planta hospedeira: - Na área de campo, foram escolhidas algumas plantas, tendo sido registadas a percentagem de infestação e o impacto das galhas no estado geral da planta.

Foram recolhidas folhas maduras de *Ficus glomerata*, com e sem galhas, de plantas infectadas e não infectadas. Além disso, algumas amostras foram retiradas da casca e das raízes *de F. glomerata.* Os insectos galhadores recolhidos foram cultivados no laboratório do Instituto, utilizando chaminés de lanterna de furacão com tela de musselina de fogo a cobrir o topo e gaiolas de arame de madeira. A comida estragada era reposta e a comida fresca era fornecida regularmente.

Os insectos ectoparasitas (exteriores) de *P. depressa* foram recolhidos com pinças; os insectos endoparasitas (interiores) de ambos os sexos foram apanhados com uma armadilha de arrasto; e os insectos voadores foram apanhados com uma rede de arrasto para insectos. As amostras de insectos foram depois selecionadas, separadas em frascos de vidro e colocadas dentro de uma caixa de plástico (15 x 15 x 30 cm3) com ventilação por ecrã para preservar a viabilidade das amostras.

E. Identificação - A chave entomológica básica foi utilizada para identificar e registar as amostras contidas no frasco. Ao microscópio, as amostras de pequenas dimensões foram identificadas e documentadas. As amostras que pertencem às famílias dos predadores e dos parasitas são identificadas até ao nível da espécie.

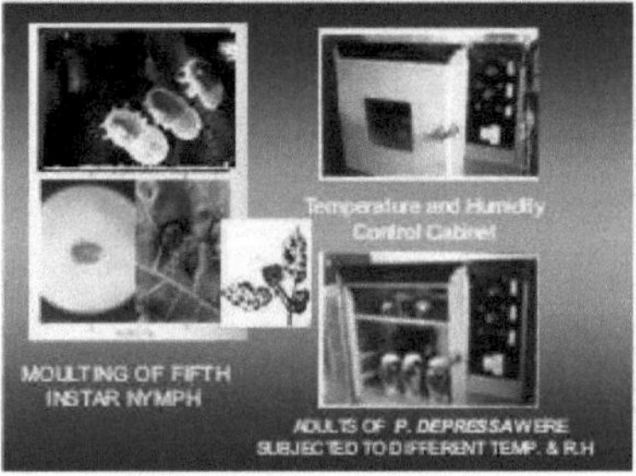

Placa 6. Mudança de instar da ninfa de P. depressa em laboratório

Ciclo de vida do psilídeo Pauropsylla depressa

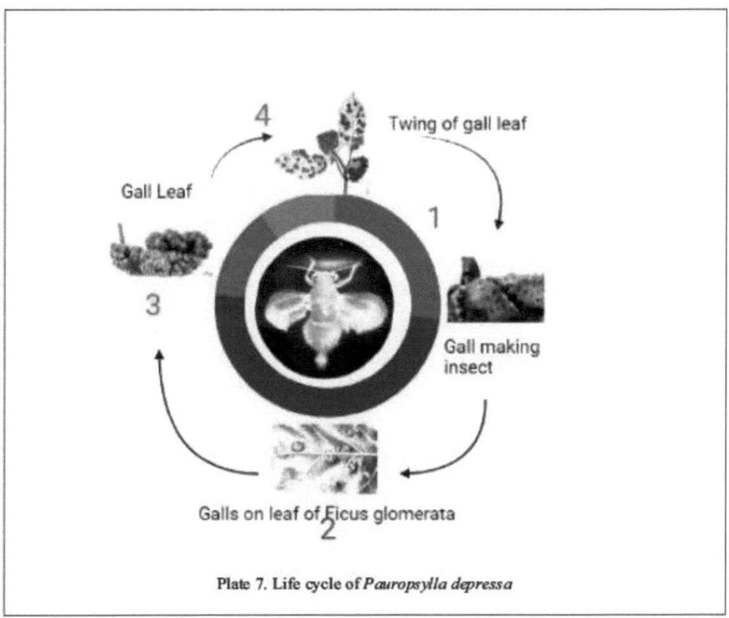

Plate 7. Life cycle of *Pauropsylla depressa*

Foi efectuado um estudo sobre o ciclo de vida do psilídeo *Pauropsylla depressa,* que produz galhas nas folhas *de Ficus glomerata*. Após a postura dos ovos pelas fêmeas adultas, surgiram cinco instares ninfais. Em todos os aspectos, a fêmea *de P. depressa* era maior do que o macho. Em termos de cor, o macho era mais escuro do que a fêmea. Houve cinco instares ninfais que completaram a 6 horas e 25 minutos de muda do quinto instar, P. depressa acasala. Observou-se que o 5th instar da galha emerge mais frequentemente à noite, quando faz a muda para imago na superfície da folha (Placa 7). Exceto

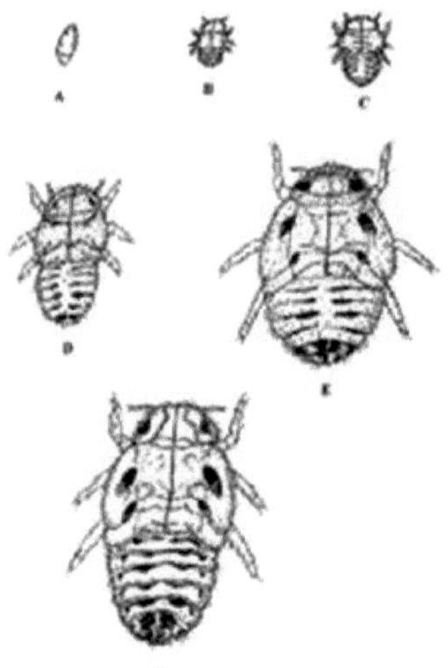

Fig. 4. (A,B,C,D,E,F) Ninfas do primeiro ao quintoth instar de *Pauropsylla depressa*

Para ovos e adultos, todos os estádios de *P. depressa* passam através da galha. O primeiro instar eclode do ovo, inicia o processo de formação da galha e acaba por emergir como adulto através de uma muda na superfície da folha. Os adultos que acabam de emergir são verde-amarelados, mas o seu abdómen torna-se castanho-esverdeado e o seu tórax torna-se vermelho-alaranjado com o tempo.

1. **Dimorfismo sexual-** Em *P. depressa,* foi observado um dimorfismo sexual pronunciado. Em todos os aspectos, as fêmeas sempre viveram mais do que os machos. O abdómen da fêmea é mais largo e maior do que o do macho. O oitavo e o nono segmentos da genitália feminina têm a forma de barcos. Para este psilídeo, a investigação de Negi e Bisht de 1989 sobre o dimorfismo sexual foi insuficiente. Singh (2003) forneceu caracteres pormenorizados de dimorfismo sexual para *T. hirsuta.*
2. **Pré-copulação -** Uma abertura lacerada na superfície ventral da folha permite que a ninfa de quinto instar totalmente desenvolvida saia da galha. Estas ninfas emergem na superfície da folha, onde se transformam em imago. Depois de dormir durante três a dez minutos, o imago começa a deslocar-se ao longo das folhas e dos ramos da planta hospedeira para se alimentar e se transformar num adulto.
3. **Copulação -** Juntos, o macho e a fêmea correm, e o macho usa as patas dianteiras para agarrar a fêmea ao longo dos lados do tórax. O macho roda então o abdómen da fêmea em forma de C, fixando os seus órgãos genitais na abertura genital da fêmea (Prato-8). Durante a cópula, o macho move as suas pernas a cada dois ou três segundos, mantendo o contacto com as antenas ou o corpo da fêmea com as suas próprias antenas. O período médio de cópula é de 20 minutos, mas pode variar de 5 a 39 minutos. Apenas este período de tempo entre 5 e 17 minutos foi registado por Negi e Bisht (1989) devido ao mesmo inseto.

Placa 8. Comportamento de cópula de *P. depressa*

4. Período de reencontro - Após a cópula, os sexos afastam-se e não demonstram qualquer afeto um pelo outro. Após a cópula, o período de coito pode variar entre 10 e 5 horas e 8 minutos, com uma média de 30 minutos.

5. Período de pré-oviposição - A fêmea levanta voo ativamente durante este período em cativeiro e começa a alimentar-se. Dura entre 8 horas e 11 minutos. Antes de pôr um ovo, a fêmea procura um local adequado.

6. Oviposição - A fêmea instala-se para oviposição depois de escolher um local apropriado, que é normalmente a face ventral da folha, particularmente ao longo das nervuras militares e centrais, bem como à volta das projecções ventrais das galhas. Raramente, também foram observados ovos depositados na face dorsal dos galhos e da casca das folhas. Para a oviposição, a fêmea prefere geralmente tanto as folhas jovens infectadas como as saudáveis. Depois de se sentar, a fêmea dobra o abdómen a 90 graus ao longo da superfície da folha. Normalmente, um ovo precisa de ovipositar durante 30 a 117 segundos. Ao longo da vida da fêmea, são postos entre 10 e 76 ovos, com uma fecundidade que varia entre 2 e 32 ovos numa oviposição (média de 20 ovos) Fig. 4. (A).

7. Período de incubação - Uma fenda que aparece inicialmente no sulco longitudinal pouco profundo durante a eclosão acaba por se tornar percetível. A ninfa emerge por esta fenda, rasteja durante algum tempo na superfície da folha e, em seguida, instala-se numa posição completamente plana, com as pernas bem abertas e todo o corpo pressionado contra a folha. Com uma média de 14 minutos, o período de eclosão varia entre 7 e 25 minutos.

8. Instares ninfais - *P. depressa* tem cinco instares ninfais Fig. 4 (A, B, D, D, E, F). Todas as mudas, com exceção das 5th , ocorrem dentro da galha, enquanto a última muda ocorre na superfície da folha, fora da galha. Segue-se uma descrição de cada instar ninfal.

(i) Ninfa de primeiro instar e histologia de uma galha velha - Há um pequeno aumento na epiderme abaxial da folha que se assemelha a uma mancha verde irregular. As células do clorênquima que circundam o bordo dos produtores de galhas estão atualmente a dividir-se. Quando está pronto para a muda, após cinco a onze dias, o primeiro instar fixa-se ao substrato com as suas garras e exerce pressão para a frente para se libertar da ninfa de segundo instar. No interior da galha, é visível a pele do primeiro instar. Com exceção dos ovos e dos adultos, todos os estádios *de P. depressa* atravessam a galha (Fig. 4B). O primeiro instar, que emerge do ovo e se alimenta e injecta saliva para iniciar o processo de formação da galha, entra na galha. A ninfa recém-eclodida tem filamentos cerosos franjados à volta do seu corpo semi-transparente. Começa a alimentar-se localmente na zona ventral da folha. Durante a alimentação, injeta saliva no tecido do hospedeiro, que contém certas enzimas que provocam um crescimento canceroso na zona de alimentação. A seguir, a saliva penetra entre os tecidos da folha e aparece como uma substância fibrosa branca ou lubrificante à volta do instar. Em seguida, forma-se inicialmente uma pequena galha como resultado da rápida divisão celular. Com o crescimento do instar, o tamanho da galha aumenta progressivamente. Quando uma galha possui uma quarta ninfa para o instar, é considerada madura. Perde o material ceroso e os filamentos uma vez dentro da galha, tornando-se castanho claro com um tom alaranjado. O protórax, o mesotórax e o metatórax são as três divisões mal definidas do tórax das ninfas, embora não sejam muito perceptíveis. Apresenta pequenos olhos cor de laranja. Uma vez terminado o seu ciclo de vida, transforma-se numa ninfa de segundo ínstar. O segundo instar extrai primeiro a cabeça, as antenas e o rostro, seguidos do tórax, das pernas e do abdómen. O instar exerce pressão para a frente para se libertar da ninfa de segundo instar, depois de se ter fixado ao substrato com as suas garras para efetuar a muda.

(ii) 2nd ninfa de segundo inst**ar-** A galha aumenta de tamanho e assume uma superfície ondulada com uma zona deprimida que corresponde à marca verde clara durante a segunda fase de desenvolvimento da ninfa de segundo instar (Fig. 4, C). A câmara primordial está parcialmente dividida, e a ninfa criadora da galha pode ser vista na área deprimida. As células epidérmicas estão inalteradas. Novas camadas de células são formadas pela orientação anticlinal alargada da paliçada e do parênquima esponjoso. As células neoformadas podem ainda incluir cloroplastos. As fibras do periciclo e as esclereídes perdem as suas paredes lenhificadas e, mais tarde, assumem um carácter parenquimático, causando alterações no feixe vascular. Para separar o xilema do floema, as células do parênquima também se dividem de forma periclinal. O segundo instar que acaba de eclodir é amarelo pálido com um abdómen laranja escuro. O abdómen torna-se branco alaranjado e acaba por ficar castanho. Não existe uma demarcação distinta para a segmentação. Os botões das asas não estão bem desenvolvidos. O abdómen tem cinco pares de manchas acastanhadas escuras, três das quais são mais visíveis do que as outras. As cerdas corporais cobrem todo o corpo. O gelo tem uma cor vermelho-alaranjada e possui ocelos visíveis mas indistintos. A duração do segundo instar varia entre 4 e 9 dias, com uma média de 6. Depois disso, muda para o terceiro instar. No entanto, o processo de muda é idêntico ao do primeiro instar.

(iii) Ninfa **de terceiro instar -** A ninfa muda para o terceiro instar após 4-9 dias (Fig. 4, D). A galha assume uma forma elipsoidal durante o terceiro estádio de desenvolvimento da ninfa de terceiro instar, sendo visíveis as fissuras que correspondem à rutura da epiderme. Existem duas regiões distintas no parênquima neoformado bem desenvolvido: a cortical e a medular. Estão presentes almofadas alares curtas. O abdómen apresenta sulcos e é mais convexo do que no instar anterior. Coloração castanha pálida na cabeça, tórax, asas, almofadas, olhos, patas e antenas; coloração amarela pálida no dorso do abdómen com uma dupla fila de traços e manchas pálidas. As suas longas cerdas cobrem o corpo, dando-lhe um aspeto desgrenhado. A duração do terceiro instar varia de 4 a 7 dias, com uma média de 5. Após este período, o terceiro instar transforma-se no quarto. A muda ocorre no interior da vesícula. De um modo geral, as células medulares são ligeiramente mais pequenas do que as células corticais. As células de ambas as secções não possuem cloroplastos. Os materiais fenólicos encontrados nas camadas celulares corticais mais externas são intensamente corados por fichsina básica ou safranina. As camadas corticais mais internas estão fracamente coradas. Há uma ou duas camadas de tecido nutritivo que circundam as câmaras da vesícula. Nesta fase, formam-se bancadas procambiais e podem surgir de novo grupos de células parenquimatosas neoformadas. Nas esclereídes em desenvolvimento, podem distinguir-se grupos de células parenquimatosas neoformadas, algumas das quais com cristais.

(iv) Ninfa de 4° instar - As ninfas de 3° instar transformam-se em ninfas de 4° instar após uma fase de crescimento de 4-7 dias. A muda ocorre no interior da galha (Fig. 4, E). A galha contém uma ninfa avançada de 4° instar de *P. depressa*. Uma periderme mostra o floema, que é constituído por células grandes, pouco compactadas e um pouco curvas; o felogénio é constituído por uma única camada de células finas que nem sempre são facilmente visíveis. Todas as almofadas das asas têm uma ponta castanha escura. A cabeça e o tórax, incluindo as almofadas das asas, são de cor castanha clara. Perto da base de cada almofada das asas existe uma mancha negra, arredondada na ponta. As patas e as antenas são amarelo-esbranquiçadas, o dorso do abdómen é amarelo-pálido com uma dupla fila de traços castanho-claros e uma mancha contígua caudada, o ventre é amarelo-esbranquiçado, os olhos são vermelho-sangue e os ocelos são ligeiramente visíveis. O tempo de vida típico de uma ninfa de quarto instar é de 4,9 dias; no entanto, podem viver até 7 dias. Após este período, a ninfa transforma-se numa ninfa de quinto instar através da sutura acdisial. O tecido nutritivo desaparece e as células achatadas ficam à volta da câmara indutora. A área que circunda as câmaras é irrigada pelos feixes vasculares recentemente estabelecidos.

(v) 5th ninfa de instar- Após este período, transforma-se numa ninfa de quinto instar ao passar pela sutura ecdisial. O estádio de desenvolvimento da ninfa de 5° instar atinge o seu tamanho final na galha (Fig. 4, F). Em comparação com as células medulares, as células corticais exibem uma ligeira hipertrofia, tornando-se maiores e mais vacuoladas. Uma estrutura rígida composta por duas ou três camadas de células densamente citoplasmáticas reveste a câmara do indutor. A abertura lacerada recém-formada (0,4 - 1,2 mm) no lado ventral é o local onde a ninfa de quinto instar emerge (Placas -9). A ninfa de quinto instar é caracterizada por uma cabeça e um tórax de cor castanha clara, botões de asa bem desenvolvidos, almofadas de asa castanhas escuras e uma mancha preta localizada aproximadamente no centro da base da asa posterior. Os olhos são vermelho-sangue, as patas e as antenas são amarelo-esbranquiçadas, o ventre é verde-amarelado claro, o dorso do abdómen é verde-amarelado claro com uma fila dupla de traços castanho-claros e as almofadas são relativamente mais pequenas. A ninfa de quinto instar tem uma esperança de vida de quatro a oito dias, em média. Passam algumas semanas após a emergência da ninfa de quinto instar, e os tecidos da galha continuam vivos. Os tecidos da galha decompõem-se mais tarde, enquanto a periderme se mantém unida até a folha sofrer um abcesso. O quinto instar maduro, ou instar final, emerge da galha e muda para a superfície da folha para se tornar um adulto (placa -10). Rahman (1932) descreveu o quinto, terceiro e primeiro instares *de P. depressa*; no entanto, não descreveu o segundo e quarto instares da espécie nem o período ninfal de cada instar.

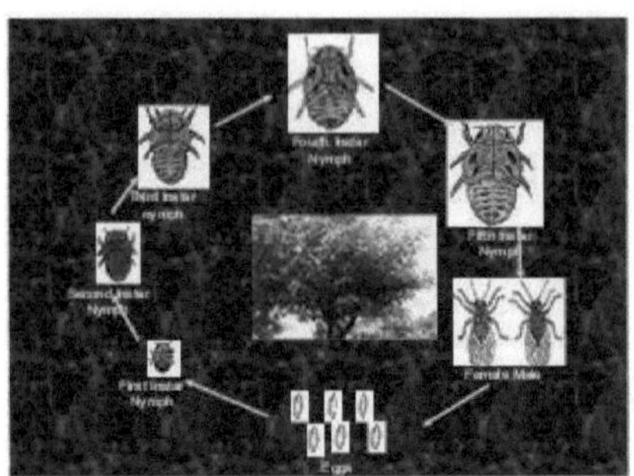

Placa 9. Ciclo de vida de *Pauropsylla depressa*

(9) Mudança final - O quinto instar maduro emerge da galha através de uma abertura lacerada na projeção ventral e procura um lado adequado, normalmente próximo da projeção ventral, para fazer a muda. Quando exposto ao ar, as asas dobradas com uma tonalidade amarela começam a desdobrar-se. Devido à divisão incompleta da sutura ecdisial ou à não separação dos apêndices do exúvio do quinto instar, vários imagos morreram durante o processo de muda. Além disso, foi registada uma muda invertida. No verão, o período de muda dura em média 4 minutos, enquanto no inverno dura 12 minutos. O processo de muda é ligeiramente mais longo para as fêmeas do que para os machos.

(10) Imago - O imago emerge do quinto instar após a sua última muda. A pele da imago, recentemente libertada, é muito colorida. Tem uma tonalidade amarelo-esverdeada. As asas tornam-se transparentes e a sua cor torna-se progressivamente castanha. Os olhos apresentam ocelos vermelho-sangue e vermelho-acastanhados, enquanto o tórax, o abdómen, as patas e as antenas são todos verdes. O corpo do Imago encolhe ligeiramente quando entra em contacto com o ar, o que o torna ligeiramente maior do que um adulto. Embora se torne completamente maduro sexualmente após 5 a 8 horas de muda e retome a cópula e a oviposição, são necessárias 15 horas para atingir a idade adulta. Quando um imago emerge, a sua pele é extremamente macia, mas endurece quando entra em contacto com o ar. O dimorfismo sexual é facilmente visível. A mudança completa da cor do corpo e o endurecimento da pele demoram 15 a 20 horas. O imago amadurece e atinge o seu comprimento máximo em função da temperatura e da humidade do ar circundante.

(11) Longevidade do adulto - A longevidade de uma fêmea pode durar até 10 dias, com uma média de 4 dias e um mínimo de 1 dia. A fêmea passa mais dias viva do que o macho. De setembro a novembro é quando ambos os sexos registam a sua longitude máxima.

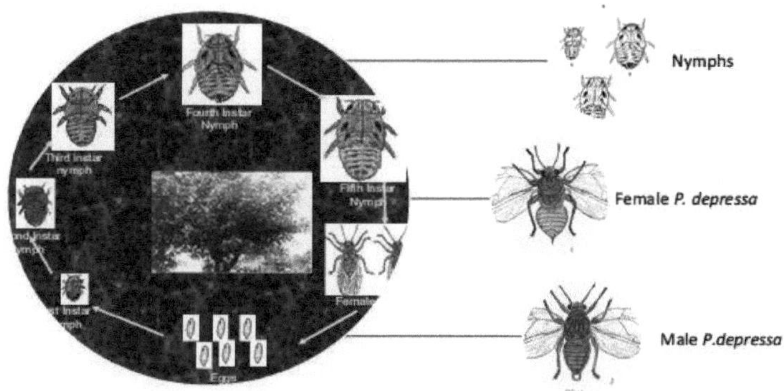

Placa 10. Macho e fêmea adultos de *Pauropsylla depressa*

(12) Número de gerações por ano-

O inseto em estudo produziu quatro a seis gerações num ano, com uma média de cinco gerações anuais. Por outro lado, existe uma sobreposição de gerações.

CAPÍTULO 3

ECOLOGIA

A investigação sobre a ecologia das galhas de insectos que se formam nos tecidos das plantas é extremamente importante. O desenvolvimento das galhas é afetado por uma série de variáveis ecológicas. Os seguintes factores ecológicos são investigados em relação às galhas foliares de Ficus glomerata que são provocadas pela alimentação de *P. depressa* (placas 16, 17, 18 e 19).

Placa 11. Planta hospedeira e inseto galhador.

1. **Estrutura e tipo de galha: -** *P. depressa* produz galhas de bolsa nas folhas de Ficus glomerata. Como já foi referido, existem dois tipos de galhas: multiloculares e monoloculares (Fig. 5 e Placa 14). Como já foi referido, as galhas multiloculares têm várias cavidades, enquanto as galhas monoloculares têm apenas uma cavidade. As galhas são frequentemente abertas, com um cone situado na face ventral da folha (Fig. 5). A forma e a posição de galhagem das galhas dos psilídeos variam muito, mas são únicas para cada espécie. As galhas podem variar em tamanho, desde pequenos fragmentos numa lâmina foliar até múltiplas cavidades profundas que estão próximas umas das outras e formam uma cavidade complicada e enorme. Pode manifestar-se como uma variedade de tipos de galhas fechadas, tais como esféricas, cónicas e em forma de coroa, ou pode manifestar-se como uma pequena curvatura dos bordos da folha até ao enrolamento profuso em secções específicas do bordo da folha, gerando uma galha especializada em forma de bolsa. O exterior da galha é brilhante e pode ser verde, castanho ou cor-de-rosa, dependendo da fase de desenvolvimento da ninfa de *P. depressa* no interior da galha (placa - 20). A cutícula constitui a camada exterior. O diâmetro da cavidade da galha é de 3,6 a 3,9 mm, e a espessura da parede varia de 0,10 a 0,15 mm, consoante o tamanho da galha.

Placa 12. Diferentes tipos de galhas em folhas de F. glomerata.

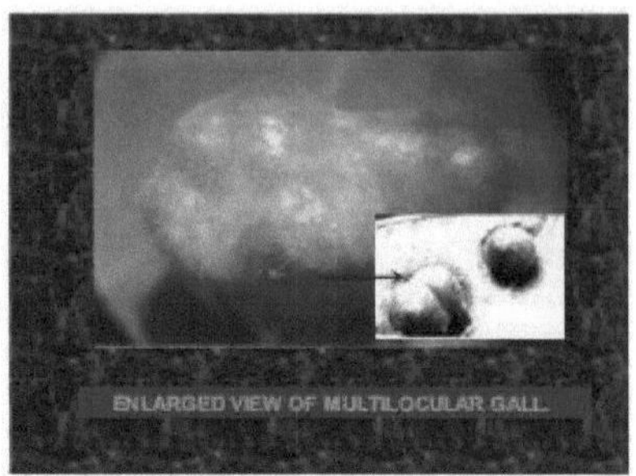

Placa 13. Galha multilocular

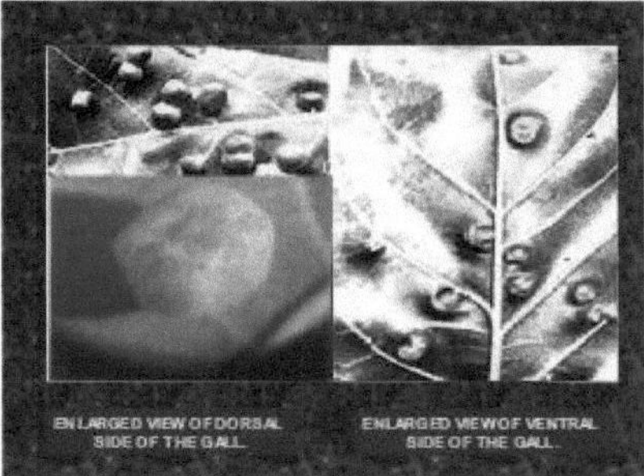

Placa 14. Galha numa folha de *Ficus glomerata*

2. **Forma e tamanho da galha jovem, madura e velha**: - Dependendo do crescimento e da fase da ninfa, esta muda. O tamanho da galha também aumenta à medida que a ninfa de *P. depressa* se desenvolve. O tamanho da galha aumenta muito pouco quando a ninfa se aproxima da fase de terceiro instar. Até ao quarto instar, verifica-se este aumento de tamanho. As ninfas no seu primeiro e quarto instares são as mais pequenas e as maiores, respetivamente (Quadro 1). O diâmetro de uma galha recém-desenvolvida (galha jovem) é de 1,5 a 2,0 mm, o de uma galha madura (10 a 12 mm) e o de uma galha idosa (11 a 13 mm). Uma galha multilocular pode atingir um diâmetro máximo de 20 a 30 mm. Por outro lado, uma massa aglomerada medindo 8 a 12 cm estava presente sempre que toda a folha se tornava galinácea (Placa-12). O estágio de crescimento da ninfa de *P. depressa* dentro da galha causa um aumento grosseiro no tamanho da galha (Tabela 1). Uma galha recém-formada tem um diâmetro de apenas 1,5 a 2,0 mm e assemelha-se a uma pequena borbulha na folha. Uma galha de tamanho médio tem um diâmetro de 6 a 8 mm e assemelha-se a um grânulo de ervilha. Uma galha completamente desenvolvida tem uma forma esférica, um exterior liso e pequenas fissuras. A sua dimensão situa-se entre 10 e 12 mm. No exterior, a galha velha enruga-se mais (Pratos - 12, 13). A boca da projeção cónica ventral abre-se para criar um orifício lacerado através do qual a ninfa no seu quinto instar sai para se transformar em adulto (placa 21). Uma galha vazia sofre um aumento do enrugamento e um ligeiro encolhimento como resultado da morte do tecido da galha e da secagem. O seu diâmetro varia entre 3 e 5 mm. Vista lateralmente, uma galha tem um topo globular e assemelha-se a um cone.

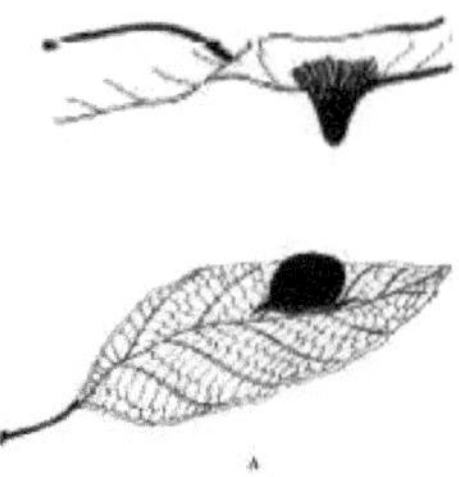

Fig. 5: (A) e (B) Projeção ventral da vesícula e lado dorsal da projeção da vesícula

3. **Alteração da cor da galha em desenvolvimento: - Verificou-se** que as folhas frágeis de Ficus glomerata são o local de formação de galhas pelas ninfas *de Pauropsylla depressa*. (Placas 13, 14). Dentro da galha, apenas um instar se desenvolve, mas esporadicamente dois instares podem também co-desenvolver-se aí. Assim que o ovo de *P. depressa* eclode, a ninfa de primeiro instar começa a alimentar-se da seiva da folha e a sua saliva, que contém vários químicos e enzimas, provoca a formação da galha. Os primeiros e segundos instares de uma galha recém-formada são de cor verde; no entanto, quando a galha cresce devido à metaplacia gerada pelos instares que se alimentam dentro dela, a cor da galha muda para um verde pálido. Mais tarde, desenvolve manchas acastanhadas. Depois, nas fases de quarto e quinto instar, a cor esverdeada torna-se castanha. As galhas maduras tornam-se rosadas no inverno devido ao desenvolvimento de certos produtos químicos fenólicos, que ajudam a reter

Diferentes variações de galhas

calor solar e aquecendo a galha (Placa - 20). Um orifício lacerado ou abertura no lado ventral da galha madura permite que a ninfa de quinto instar escape e faça a muda para o imago. A galha vazia torna-se inicialmente castanha, acabando por ficar negra acastanhada, tornando-se dura e lenhosa (placa - 21). Ocasionalmente, os fungos podem desenvolver-se nas galhas vazias. Estas folhas com galhas vazias tornam-se pálidas e murcham rapidamente (Quadro - 3).

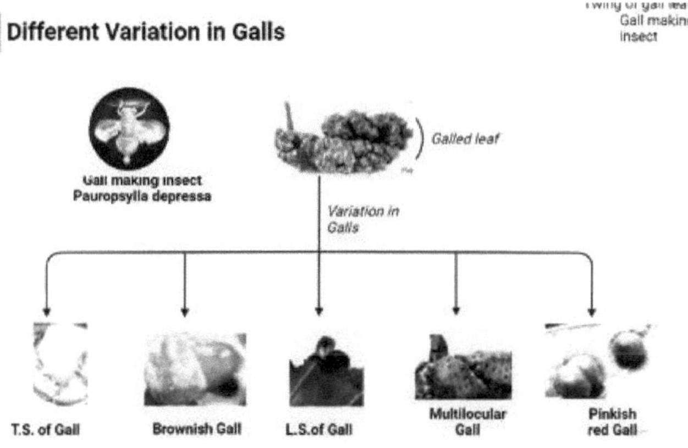

Placa 15. Diferentes variações nas galhas.

4. **Número de galhas por folha e por planta: -** A idade da árvore e a extensão da sua copa afectam o número de galhas que cada árvore tem. A secção central da folhagem da árvore tem

o maior número de galhas numa árvore adulta (20-25 anos de idade), enquanto que a parte inferior tem o menor número de galhas (Placa-16). Além disso, devido ao facto de estas zonas da folhagem da árvore receberem mais luz solar, necessária para a fotossíntese e o crescimento da folhagem, as zonas este, oeste e sul registaram o maior número de galhas (placa-17). Como a folhagem desta zona da árvore é a que recebe menos luz solar, foram observadas muito poucas galhas. As folhas estão cobertas de galhas em todo o lado, exceto na parte superior. A nervura central e as nervuras laterais têm o maior número de galhas porque recebem inicialmente o suprimento mais rico de água e alimento. A face dorsal da folha é sempre o local onde se formam as galhas, pois é o lado da folha que recebe mais luz solar, essencial para a fotossíntese, o aquecimento e a temperatura adequada para o desenvolvimento do instar no interior da galha. Os meses de agosto, setembro e outubro são os de maior infestação, com temperaturas entre 19°C e 32°C. Os meses de inverno, de dezembro a fevereiro, quando a temperatura média fica em 15 ± 2°C, é quando se observa a menor quantidade de infeção. Durante este período, registou-se uma menor percentagem de formação de novas galhas. De março a junho, à medida que a temperatura aumenta progressivamente, também aumenta o número de galhas.

O número de galhas por planta no oeste de Uttar Pradesh, na Índia, variou consoante o local, indo de 13440 a 30960. Verificou-se também que a planta normal desenvolve o maior número de galhas quando se encontra num espaço aberto que recebe luz solar direta. As plantas que estão à sombra e rodeadas por outras espécies vegetais são as que desenvolvem menos galhas. O número máximo de galhas por folha foi calculado a partir das folhas colhidas ao acaso. A contagem variou de uma a quarenta e cinco galhas, com uma média de vinte e quatro. 94 galhas por folha. Por outro lado, a contagem de galhas em folhas aglomeradas torna-se extremamente difícil. O número de galhas em cada folha foi contado após o corte manual de secções da massa aglomerada (Quadro - 3).

DISTRIBUIÇÃO DAS GALHAS EM FUNÇÃO DO PERÍODO DE LUZ

Placa 16. Distribuição da galha na planta hospedeira

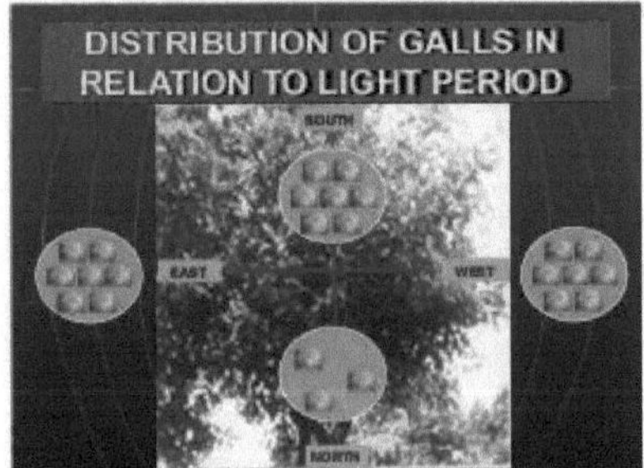

Placa 17. Distribuição da galha em função da direção.

(i) Na planta hospedeira (*Ficus glomerata* Roxb.):- A árvore Ficus glomerata foi cortada horizontalmente em três secções: superior, média e inferior, de acordo com o fotoperíodo, para estudar a propagação das galhas na planta hospedeira (placa-15). A planta hospedeira foi ainda separada nas direcções leste, oeste, norte e sul com base na direção. O máximo de galhas foi observado na secção central da folhagem da árvore adulta, ao passo que o mínimo de galhas foi identificado em torno da base e da copa da árvore (Placa - 15). Além disso, como o leste, o oeste e o sul da planta recebem a maior parte da luz solar, necessária para a fotossíntese e o crescimento da folhagem da árvore, foram detectadas galhas máximas nestas direcções na folhagem da árvore. Além disso, regula indiretamente a temperatura interna das galhas, essencial para o desenvolvimento dos instares ninfais. No entanto, devido ao facto de a folhagem desta zona da árvore ser a menos exposta à luz, foram observadas muito poucas galhas nesta zona (Placas 17 e 18). Existem duas variedades de galhas: multiloculares e monoloculares. As galhas multiloculares (Placa-13) formam-se quando duas ou mais galhas próximas se fundem para produzir uma galha maior. Uma única folha que tenha sofrido uma infeção grave fica descolorida e forma uma massa aglomerada. As galhas multiloculares ocorrem frequentemente nas folhas, dando-lhes um aspeto geral inestético. Devido ao facto de a parte superior das folhas receber a luz solar necessária para a fotossíntese, *P. depressa* forma galhas na face dorsal das folhas (placa -16).

5. **Distribuição da galha na planta hospedeira:** - A distribuição da galha foi registada nas seguintes rubricas:

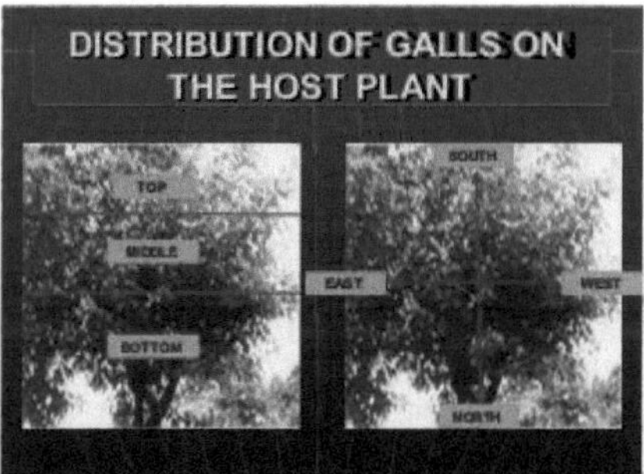

Placa 18. Distribuição das galhas em F. glomerata

(ii) Agente causador de galhas :- Existem ainda muitas espécies de insectos por descobrir, sendo que quase um milhão já foi descrito. Pertencem ao maior grupo de animais, com muito mais espécies e indivíduos do que todos os outros grupos de animais juntos. Muitos destes insectos são capazes de desenvolver galhas. Sempre existiram opiniões divergentes sobre o fator causal responsável pelo desenvolvimento das galhas. Após a cópula, a fêmea *de P. depressa* coloca os seus ovos isoladamente na face ventral da folha, por vezes na superfície superior da galha (secção superior) (placa 19). Após a eclosão, a ninfa de primeiro instar começa a extrair a seiva vegetal de uma única folha, injectando saliva durante o processo. Isto provoca a presença de certas substâncias químicas ou enzimas, que causam uma metaplasia regulada no tecido foliar que rodeia a ninfa, estimulando a produção de galhas (Placa - 24). O processo de alimentação faz com que o tamanho da galha aumente à medida que a ninfa avança pelo primeiro, segundo, terceiro, quarto e quinto instares (Placa - 11). Portanto, o agente responsável pela formação da galha é a saliva injectada no tecido foliar, que contém enzimas que induzem a metaplacia.

Placa 19. Efeito da intensidade da luz no inseto da galha.

(iii) Variação sazonal da galha: - A região de campo do distrito de Meerut e as áreas circundantes, que albergam um número significativo de plantas hospedeiras de *Ficus glomerata*, foram os principais locais para o estudo do ciclo sazonal. Na área de campo, várias plantas foram escolhidas ao acaso e etiquetadas para investigação posterior. A proporção de infestação e a quantidade de galhas foram registadas quando as folhas infectadas foram retiradas das plantas em vários meses. O número de adultos também foi determinado para cada uma das cinco varreduras numa variedade de meses, e foi relacionado com a humidade relativa e a temperatura. Os meses de agosto a outubro são os mais infestados, com temperaturas entre 19°C e 32°C e humidade relativa entre 55% e 93%. A menor infestação ocorreu de março a junho. A variação de temperatura durante esses meses foi de 13°C a 39°C. A capacidade de sobrevivência do inseto foi afetada pela descida da temperatura, apesar de a fase de praga viver no interior das galhas durante todo o ano. No entanto, durante as condições adversas (meses de inverno, de novembro a meados de fevereiro), o número de galhas diminuiu. Como hibernam no inverno, não foram observados adultos de dezembro a fevereiro. Os ovos depositados em novembro entram em diapausa, eclodem em meados de fevereiro e iniciam o ciclo populacional seguinte. Embora todas as fases da praga estejam presentes de março a novembro, o pico de produção de ovos de *P. depressa* ocorre de meados de julho a meados de outubro. A ninfa de primeiro instar é produzida entre julho e meados de outubro, seguida da ninfa de segundo instar de agosto a outubro, do terceiro instar de agosto a outubro e do quarto e quinto instares de setembro a meados de outubro. O aumento da população de *P. depressa* e a produção de galhas são diretamente afectados pela temperatura. No entanto, a H.R. não altera significativamente o ciclo de vida deste organismo. Dentro das galhas, onde o tecido hospedeiro fornece humidade suficiente, podem ser encontradas ninfas de psilídeos. Foram observados mais ovos perto da projeção ventral das galhas, no lado ventral da margem foliar da nervura mediana e nas nervuras laterais (Prato -19). Além disso, foram observados ovos na face dorsal da folha, na superfície superior da galha. O número de galhas diminuiu em novembro e fevereiro, juntamente com a descida da temperatura. No inverno, apenas as galhas mais velhas eram visíveis nas folhas. Cada etapa do ciclo de vida teve uma duração mais longa. A longevidade dos adultos aumentou de um para quatro dias durante o inverno. A temperatura aumenta de março a junho, atingindo o seu máximo em maio e junho, enquanto a humidade relativa (H.R.) permanece baixa. Isto tem um impacto na formação de galhas e resulta numa diminuição do número de galhas. A precipitação de julho a outubro cria um ambiente propício à sobrevivência do inseto. As condições ideais para a multiplicação deste psilídeo são mantidas entre 19°C e 32°C e UR entre 55 e 93% (Tabela -

2).

(iv) Efeito da temperatura no campo sobre as galhas e a fase de desenvolvimento de *Pauropsylla* depressa crawford: - A temperatura afecta diretamente o crescimento da população de *P. depressa*. Através da parede da galha, afecta indiretamente as ninfas. A temperatura mais baixa no campo situa-se entre 4 e 25^0 C de novembro a fevereiro. Como *P. depressa* é um poikelothermaol, os adultos hibernam neste intervalo de temperatura e os ovos entram em diapausa. A partir de março, quando a temperatura começa a subir, a diapausa dos ovos é quebrada e os adultos emergem dos seus esconderijos. Assim, apesar de a temperatura oscilar entre 13°C e 39°C de março a junho, a infestação de galhas nas folhas é mínima, atingindo o primeiro e segundo estádios ninfais. A humidade do ambiente desce para valores tão baixos como 13 a 78%. De julho a setembro, chove nesta zona. A temperatura praticamente se estabiliza entre 19 e 30°C, que é a faixa ideal para a reprodução de *P. depressa*, e a humidade sobe para 55 a 90%. A infestação de galhas multiplica-se assim consideravelmente. O número de ovos nas folhas, de ninfas na galha e de adultos na planta é significativo. O início da estação do outono é em outubro. Assim, a infestação de galhas diminui regularmente em outubro e novembro, atingindo o seu mínimo em novembro, quando a temperatura sobe para 13 a 20^0 C. Poucas galhas produzidas pelas primeiras ninfas, que eclodiram no início de novembro, são descobertas durante o inverno. Estes instares continuaram a formar-se no interior da galha. Após a postura no final de novembro, os ovos entram em diapausa e os adultos em hibernação.

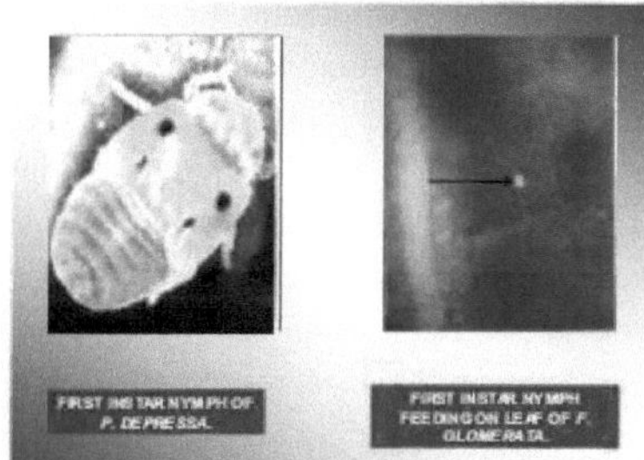

Placa 20. 1st Ninfa de instar de *P. depressa.*

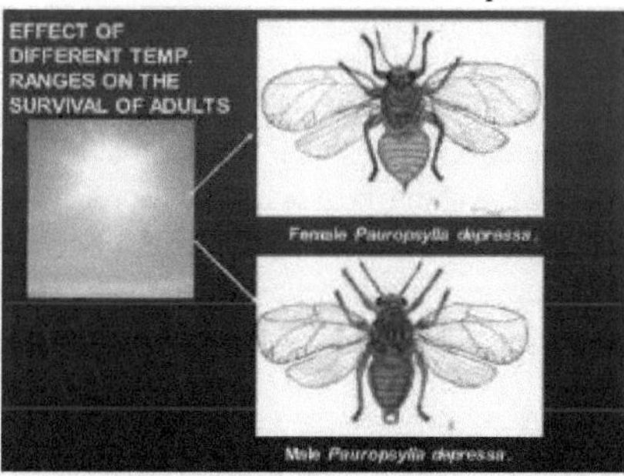

Placa 21. Sobrevivência de P. depressa

(v) Efeito da galha na planta hospedeira: - A folhagem da planta é severamente danificada pela formação da galha (Placa - 1). O processo de fotossíntese nas folhas é o que permite que a planta cresça nas suas várias secções. Devido à presença de estomas, as folhas permitem que a planta respire e produza alimentos. Consequentemente, a produção de galhas influencia estas duas funções da planta. Uma única galha ou um par de galhas não prejudicam significativamente a fotossíntese; no entanto, quando uma folha se torna completamente galinácea e severamente deformada, este processo é afetado de forma significativa (placa 12). As folhas perdem a capacidade de fazer fotossíntese e o galho cresce mais lentamente. A capacidade da planta de crescer vegetativamente é afetada negativamente quando as galhas infestam toda a planta. A planta inteira estava galinácea, mas o seu crescimento era atrofiado. Observou-se que o desenvolvimento típico e saudável da planta não estava presente. As fases iniciais do crescimento da galha não impedem o funcionamento da planta. As folhas com galhas sofrem uma queda prematura. As folhas de galináceas perdem a sua aptidão como forragem porque também são dadas ao gado. A galha de *P. depressa* é caracterizada por Rahman (1932) como uma projeção esférica que se projecta acima da superfície da folha. Beenson (1941) descreveu galhas de Pnacopteran lentiginosum grandes, em forma de bexiga e com paredes finas em folhas pinadas de Garuga. Mani (2000) observou que *Apsilla cistellata* provocava a formação de galhas semelhantes a cones nos meristemas apicais de rebentos vegetativos de *Mangifera indica*. Singh (2003) descreveu uma galha globosa, irregularmente inchada e torcida de *T. hirsute* em *T. tomentosa*, bem como o enrolamento epifílico de duas margens em direção à nervura central. De acordo com Chen (2005), a maioria das galhas de psilídeos são monoloculares, o que significa que apenas um instar cresce dentro da galha. As galhas infectadas por afídeos na floresta mediterrânica foram consideradas como tendo a forma de uma couve-flor por Inbar *et al.* (2010). Como resultado, diferentes espécies de plantas produzem diferentes tipos, tamanhos e formas de galhas de insectos. Os pigmentos vermelhos e amarelos oferecem defesa contra a fotooxidação e a fotoinibição, de acordo com Close e Beadle (2003). De acordo com Singh (2003), as galhas *de T. tomentosa* são originalmente de cor verde, mas durante o inverno tornam-se vermelhas. Russo (2007) fez a mesma observação relativamente à cor das galhas *de Slavum wertheimae* em plantas de P. atlantica (vermelho vivo e amarelo, etc.).

Uma nova teoria foi apresentada por Inbar *et al.* (2010) relativamente à razão por detrás da cor notória de muitas galhas em certas espécies de plantas. Geiger e Gutierrez (2000) relataram que *Heteropsylla cubana* é encontrada no norte da Tailândia. Singh (2003) também afirmou que a saliva *de T. hirsuta* provoca a formação de galhas nas folhas *de T. tomentosa*. A relação entre as galhas foliares de psilídeos e a distribuição das galhas em relação à disponibilidade de luz foi discutida por Leege (2006). De acordo com Blanche (2008), à medida que os ambientes se tornam mais quentes e secos, a riqueza de espécies de insectos galhadores aumenta. Pseudotectococus rolliniae observou um ciclo sazonal distinto numa galha foliar de *Rollinia laurifolia,* e Goncalves *et al.* (2009) relataram que a galha se deslocou para o caule durante a estação seca para entrar em dormência como resultado da queda das folhas. A variação sazonal da mosca negra (Diptera: Simuliidae) foi observada por Pranual *et al.* (2010). Como resultado, o ciclo sazonal varia e depende do clima em diferentes psilídeos. De acordo com Sahu e Mandal (1999), as temperaturas elevadas e a baixa humidade relativa durante os meses de pré-monção e os aguaceiros intensos das monções podem ter um impacto negativo na atividade da praga. De acordo com Singh (2003), *T. hirsute* pode sobreviver até 70-90% de H.R. Como resultado, os níveis de H.R. em que a sobrevivência dos psilídeos atinge o seu máximo variam. Kumkum (2023) relatou a morfogénese de galhas induzidas por *Pauropsylla depressa* Crawford (Hemiptera: Psyllidae) em folhas *de Ficus glomerata* Roxb. Folhas.

Quadro - 1 Forma e tamanho da galha induzida por ***P. depressa***

Dias	**Fase do instar na galha**	**Tipos de galhas**	**Forma da vesícula**	**Tamanho do galão (mm) Diâmetro (mm), Altura (mm)**		**Abertura lacerada**
				1 Mini,	1 Mini. Maxi. Λ L-.V	
1st e 2nd	1st ninfa de instar	Recém-formado	Elevação semelhante a uma borbulha			Ausente
4.o	2nd ninfa de instar	Jovem	Pequeno globular	23.5 2.5	1.5 2.51.8	Ausente
6th	2nd (late) instar nymph	Jovem	Globular e com superfície lisa	24 2.6	1.5 3.01.9	Ausente
10th	3rd ninfa de instar	Medim	Globular e com linhas finas	6 8 6.2	36 4.1	Elevação da abertura
14th	4th ninfa de instar	Maduro	Globular com ligeiro enrugamento	8 10 8.5	47 5.0	Elevação da abertura
18th	5th ninfa de instar	Maduro	Globular com ligeiro enrugamento	1012 10.7	4 85.1	Abertura lacerada antes da emergência
26th	Bílis vazia	Antiga	Rugas globulares com fissuras.	9.511 9.8	4 75.0	aberto

Foi efectuada uma média de 50 observações.

Quadro 2: Ocorrência sazonal e percentagem de infestação da galha *de P. depressa* nas folhas de *Ficus glomerata Roxb.*

Meses do ano 2022	folhas N.º de folhas N.º de infestados Folhas examinadas		% de infestação	Galhas por folha Mini maxi média			**Temperatura média em °C**	**R.H médio em %**
janeiro	50	20	40	1	25	10	12.57	81.65
fevereiro	50	19	38	1	18	7.94	16.78	69.76
março	50	28	56	1	28	8.82	21.63	51.91
abril	50	24	48	1	27	8.75	28.04	34.36
maio	50	18	36	1	20	8.27	30.67	43.62
junho	50	17	34	1	17	7.29	31.09	55.66
julho	50	32	64	1	28	5.87	29.46	80.67
agosto	50	36	72	1	33	7.55	28.00	86.31
setembro	50	40	80	1	40	8. 95	26.21	80.18
outubro	50	41	82	1	45	11.26	24.94	73.91
novembro	50	32	64	1	32	9.43	20.22	69.14
dezembro	50	30	60	1	30	10.43	15.35	67.56

TABELA - 3. Alteração da cor da galha induzida por *P. depressa* Crawford.

DIAS	**FASE DE INSTAR NO GALINHA**	**TIPOS DE GALHAS**	**COR DE GALINHA**	**ABERTURA LACERADA**
1st e 2nd	1st instares ninfa	Bílis recém-formada	Verde	Ausente
4.o	2nd instares ninfa	Jovem	Verde	Ausente
6th	Ninfa de 2º instar tardio	Jovem	Verde pálido	Ausente
10ª	3rd instares ninfa	Maduro	Verde pálido	Elevação da abertura
14th	4th instares ninfa	Maduro	Verde pálido com manchas acastanhadas	Elevação da abertura
18th	5th instares ninfa	Maduro	Acastanhado	Aberto
26th	Bílis vazia	Antiga	castanho	Aberto

Quando faz frio lá fora, os insectos "dormem" durante a sua hibernação. Quando um inseto está verdadeiramente a hibernar, parece morto. Demora algum tempo a acordar e não há movimento. Muitos insectos ficam dormentes durante o inverno. Podem estar em qualquer fase de desenvolvimento, incluindo o ovo, a larva, a pupa ou o adulto. Estes insectos hibernam no solo ou atrás das folhas dos seus hospedeiros.

A diapausa é um processo multifásico que ocorre de forma dinâmica. Não só é comum entre os insectos, como também está amplamente distribuída a nível mundial. Uma vez que as ninfas de *P. depressa* vivem dentro da vesícula, não existe uma diapausa efectiva nesta espécie. A única forma de o frio as afetar indiretamente é através do tecido da vesícula. Esta região é afetada pelo frio no inverno. Durante os meses de inverno, de novembro a meados de fevereiro, os adultos hibernam nas fendas dos troncos das árvores, debaixo da casca das árvores ou debaixo das folhas caídas. Estes saem dos seus esconderijos assim que o tempo aquece, a partir de meados de fevereiro. Como já foi referido, a cor das galhas muda de verde para púrpura e para castanho-avermelhado durante o inverno. Este mecanismo aumenta a temperatura no interior da galha, uma vez que as cores escuras absorvem eficazmente o calor solar. No entanto, para sobreviver ao inverno, os ovos depositados pouco antes entram em diapausa. Quando a temperatura sobe no final de fevereiro, os ovos também entram em diapausa, tal como os adultos.

A hibernação invernal de *Phylloplecta hirsuta* foi registada por Mathur (1935). De acordo com Kumar et al. (1989), a diapausa ocorre na fase ninfal de *T. obsolata*. De acordo com Mohammed e Sheet (1989), os adultos de *Agonoscena targionii* hibernaram debaixo da casca até ao final de abril. De acordo com Lababidi e Zebitz (1995), o psilídeo do pistácio hibernou como adulto sob a casca desde o final de outubro até ao final de março. Em *T. hirsuta*, Singh (2003) referiu que a hibernação não ocorre durante a fase adulta. Em *P. depressa*. De acordo com Denlinger e David (2007), os insectos que se encontram em diapausa alimentam-se normalmente muito pouco ou nada, o que significa que dependem total ou principalmente da energia armazenada. Os insectos que causam galhas podem hibernar em qualquer momento do seu ciclo de vida (Quadro 7), incluindo as fases de ovo, larva, pupa e adulto.

CAPÍTULO 4

MIGRAÇÃO EM INSECTOS

Para a maioria dos animais e insectos, a migração é um fenómeno universal. Todos os insectos se deslocam de alguma forma. Certos insectos, como os afídeos sem asas e alguns insectos sugadores, têm uma amplitude de movimento que varia entre alguns centímetros e milhares de quilómetros. Outros insectos que se incluem nesta categoria são as borboletas e as libélulas. A migração ocorre com o objetivo de obter melhores condições climáticas e nutricionais. Há migração de uma planta alimentar para outra, bem como entre localidades. A migração de insectos a longas distâncias é influenciada pelo tempo e pelo clima.

Embora a distância possa variar consoante as espécies, estas deslocações envolvem frequentemente um número considerável de indivíduos. A dinâmica das populações de muitos insectos, incluindo algumas das pragas mais nocivas, depende em grande medida da migração.

O gafanhoto do deserto é o inseto que migra mais longe, percorrendo cerca de 2.800 quilómetros por ano. As seguintes categorias de comportamentos migratórios são observadas em *P. depressa:*

(A) De uma localidade para outra: - A migração de *P. depressa* foi investigada no distrito de Meerut e nas suas áreas circundantes, onde *Ficus glomerata,* a planta hospedeira, é encontrada em grandes quantidades na natureza. Uma vez que os adultos de *P. depressa* são verdadeiros voadores, podem deslocar-se a grandes distâncias, embora durante as diferentes estações do ano se observem normalmente voos locais dentro da região. Mas o escaravelho efectua um longo voo em busca de outra planta hospedeira para se alimentar, abrigar e reproduzir quando as condições climatéricas se tornam desfavoráveis ou quando as plantas hospedeiras são cortadas para servir de forragem. O inseto pode voar durante alguns minutos a muitas horas, percorrendo alguns metros a vários quilómetros durante esse tempo. Os adultos podem voar mais eficientemente porque têm dispositivos de acoplamento em cada uma das asas.

(B) De um local para outro na mesma planta hospedeira: -

A Ficus glomerata é uma árvore adulta com vários ramos laterais, uma altura decente e muitos ramos. Por isso, na mesma planta, faz voos locais para chegar ao ramo com folhas vulneráveis. Como os seus tecidos são frágeis e facilmente perfuráveis, as folhas, ricas em seiva, são utilizadas para alimentação e oviposição. *P. depressa* voa de um galho para outro na mesma planta, explorando toda a planta para oviposição ou alimentando-se da parte inferior até a copa. O mecanismo eficaz de ligação das asas presente em ambas as asas melhora a eficiência do voo.

Não tem havido muita investigação sobre migração em psilídeos; Singh (2003) apenas observou em *T. hirsuta* que, para além de voos curtos, pode necessitar de voos longos de até vários quilómetros em condições meteorológicas desfavoráveis, à semelhança de *P. depressa.* Da mesma forma, muitos insectos efectuam migrações sazonais de longa distância, tal como referido por Chapman *et al.* (2010), a fim de tirar partido de locais de reprodução de curta duração que se encontram a centenas ou milhares de quilómetros de distância.

CAPÍTULO 5

Inimigos dos insectos indutores de galhas

Ficus glomerata Roxburgi é severamente afetada por *Pauropsylla depressa* Crawford (Homoptera : Psyllidae), que infesta a planta e provoca galhas nas suas folhas. Quando as infestações são graves, as folhas ficam completamente glomeradas com muitas galhas. Em várias secções das suas plantas hospedeiras, *Pauropsylla depressa* produz galhas. Existem registos de dois parasitas, sete predadores e um agente patogénico. Para além deste, são também identificados hiperparasitas, o que diminui a capacidade do parasita de regular a sua própria eficácia de biocontrolo. Observou-se também que o agente patogénico *Aspergillus flavipus* (Placa 1) infesta as ninfas e as galhas.

Alguns destes agentes de biocontrolo, como as *espécies de bracon* e as vespas *encyrtid*, podem ser produzidos em massa no laboratório e depois libertados no campo para monitorizar as populações de *P. depressa*. Estes agentes são cruciais para a gestão das populações de *P. depressa*.

Além disso, é amplamente conhecido que, ao longo do século passado, os parasitoides desempenharam um papel significativo nos programas tradicionais de controlo biológico nos agroecossistemas (Heimpel e Mills 2017).

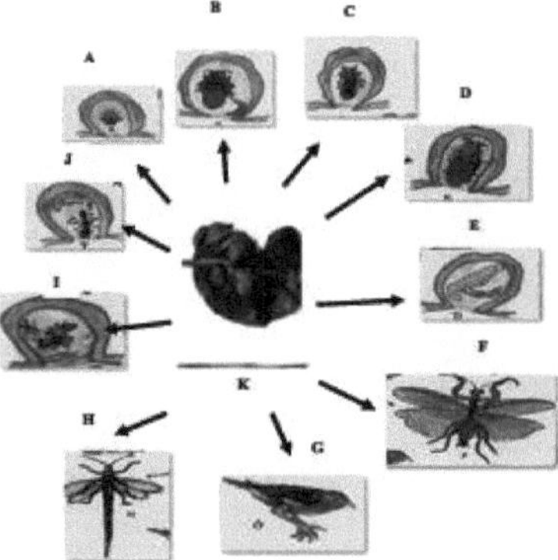

Placa 1 : Complexo de parasitas e predadores de *P. depressa*

Os resultados do presente estudo confirmam que a longevidade do parasitoide e o comprimento dos seus estádios imaturos foram significativamente influenciados pelo tipo de hospedeiro. Com base nas nossas observações, descobrimos que, poucos dias após a oviposição, *Pauropsylla* depressa decompõe-se e torna-se podre ou seca.

Dois parasitas, sete predadores e um agente patogénico foram todos identificados neste estudo. Além disso, também foram descobertos hiperparasitas, o que diminui a capacidade do parasita de regular a sua própria biossíntese. Havia dois tipos de parasitas: endoparasitas de vespas encyrtid e ectoparasitas de larvas *de bracon sp*. Para além dos parasitas, foram também identificados sete predadores de *P. depressa*: formigas *formicidas* de *Camponotus* e *Enictus sp*., louva-a-deus de *Hierodula sp*., maria-preta de *Acrotherus tristis*, bulbo-vermelho de *Pycnonotus cafer*, tripes de *Cercothrip tibialis,* aranha de *Aranarus tristis* e um ácaro vermelho não identificado. Além disso, verificou-se que o agente patogénico *Aspergillus flavipus* infestava ninfas e galhas (quadro 4).

Desta forma, foram reconhecidos os agentes patogénicos, os parasitas e os predadores. Para além deste único hiperparasita, foi também descoberta uma vespa eulófida negra, o que diminui a capacidade do parasita de regular o seu próprio biocontrolo.

Quadro : 4. Lista de predadores, parasitas, parasitóides, agentes patogénicos e inimigos naturais principais e secundários de *Pauropsylla depressa.*

Tipos de Parasitas e Predadores	**Nome da espécie**	**Inseto**	**Fase de Parasitismo**	**Planta hospedeira**
Parasitoide	Vespa eulófida	*Bracon sp.*	Hiperparasita de *Bracon sp.*	*Galha das folhas de Ficus glomerata*
Ectoparasita	Bracon sp.	*Pauropsylla depressa*	Ninfa de 5° instar de bracon sp. larva presa ao abdómen	*Galha das folhas de Ficus glomerata*
Endoparasita	Vespa Encyrtid	*Pauropsylla depressa*	Ninfas de 3° instar de Pauropsylla depressa	*Galha das folhas de Ficus glomerata*
Predador	Pequenas formigas Camponotus sp. e Myrmica sp.),	*Pauropsylla depressa*	Todas as fases	*Ficus glomerata [Ficus racemosa] folhas*
Predador	Louva-a-deus predador (Hierodula sp.),	*Pauropsylla depressa*	Todas as fases	*Galha das folhas de Ficus glomerata*
Predador	pequeno ácaro de cor vermelha,	*Pauropsylla depressa*	Todas as fases	*Galha das folhas de Ficus glomerata*
Predador	aranha (Araneus sp.)	*Pauropsylla depressa*	Todas as fases	*Ficus glomerata] galha das folhas*
Predador	o mico comum (Acridotheres tristis),	*Pauropsylla depressa*	Todas as fases	*Galha das folhas de Ficus glomerata*
Predador	o bulbo-de-bico-vermelho (Pycnonotus cafer),	*Pauropsylla depressa*	Todas as fases	*Folhas de Ficus glomerata*
Predador	tripes (Cercothrips tibialis [Gigantothrips tibialis])	*Pauropsylla depressa*	Todas as fases	*Galha das folhas de Ficus glomerata*
Patógeno	fungo (Aspergillus flavipes),	*Pauropsylla depressa*	Todas as fases	*Ficus glomerata] galha das folhas*

1. Ectoparasita de *bracon sp.*

Bracon sp. (Hymenoptera : Braconidae) era um ectoparasita. Dentro da família das vespas parasitóides, a Braconidae, encontra-se o género *Bracon*. Na (figura -1) que mostra o adulto do ectoparasita macho e fêmea de *Bracon sp.*

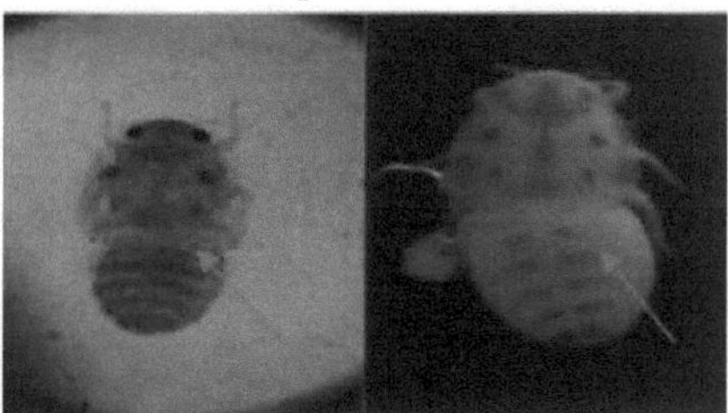

Placa 22: A & B Ninfas de quinto instar de *P. depressa*

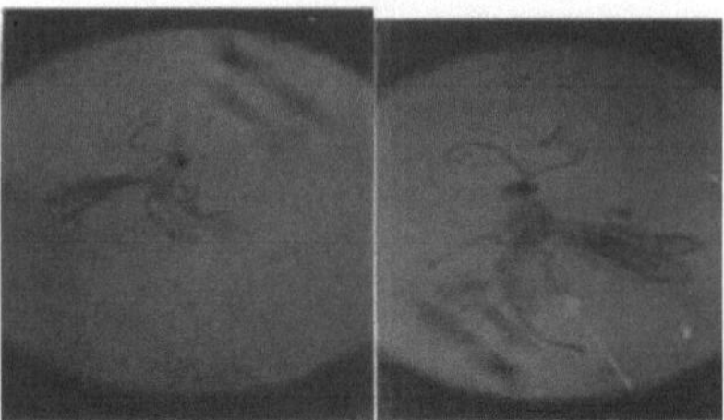

Placa 23 : Ectoparasita macho e fêmea de *Bracon*

Uma vez encontrado um hospedeiro, a fêmea Bracon sp. (Plate- 23,24,25) prefere atacar e ovipositar em larvas de último instar; a saliva que a fêmea *B. sp.* injecta faz com que o hospedeiro fique completamente paralisado. Após a paralisia do hospedeiro, a fêmea deposita normalmente uma mancha de ovos múltiplos na superfície ventral do hospedeiro ou no lado que entra em contacto com o substrato. Com a utilização de um tubo, a larva de *Bracon sp.* fixa-se no abdómen da ninfa de quinto instar, acabando por se alimentar do seu conteúdo abdominal e causando a sua morte. Foi registada uma parasitagem de 4 a 45% (Gráfico-1).

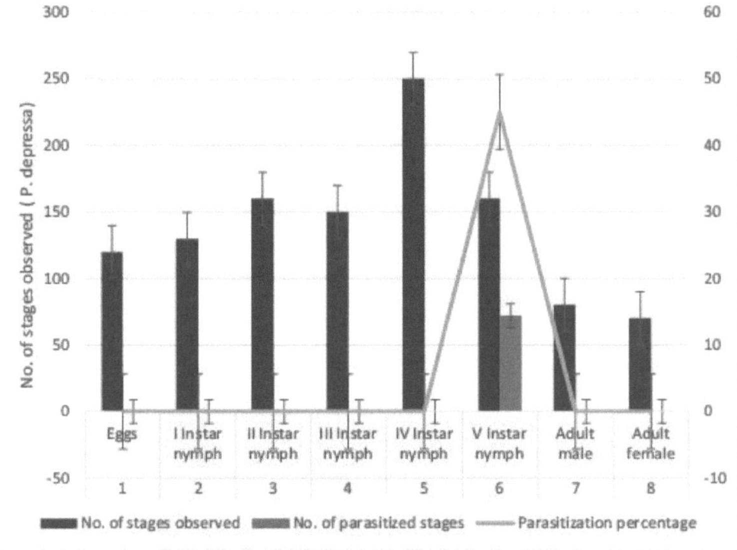

N.º de estádios observados N.º de estádios parasitados Percentagem de parasitismo

Gráfico 1. Percentagem de infestação de *bracon sp.* de vários estádios da ninfa *P. depressa no* mês de novembro de 2023.

Um parasita era a larva de *bracon sp* que se fixa no abdómen da ninfa de quinto instar de *P. depressa* com a ajuda de um tubo e se alimenta do seu conteúdo abdominal, causando finalmente a sua mortalidade. A parasitagem registada foi de 4 a 45% (Gráfico-1). Uma vespa eulófida preta provoca uma hiperparasitação de 3,9 a 17% na *espécie bracon.*

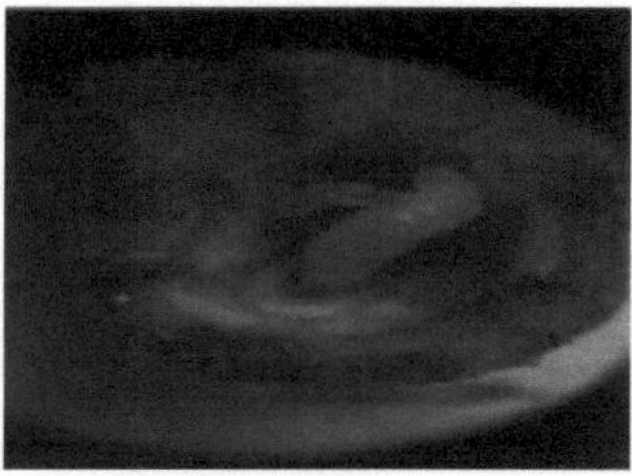

Placa 24: Larva da família eulophidae alimenta-se de larva de *Bracon sp.* mostrando hiperparasitismo.

Adultos da família Eulophidae

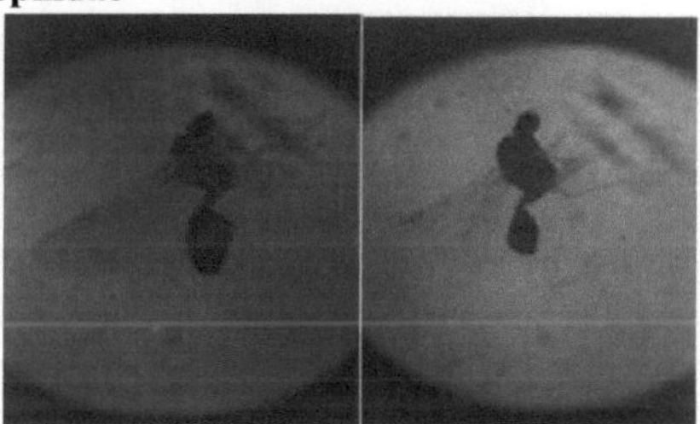

Placa 25: Macho e fêmea da família eulophidae

2. HIPERPARASITA DE FAMÍLIA EULOPHIDAE

A *espécie bracon* é hiperparasitada por uma vespa eulófida negra e a taxa de parasitismo varia entre 3,9 - 17% do tempo.

3. ENDOPARASITA

A vespa encyrtida de cor preta (Hymenoptera: Encyrtidae) foi encontrada como endoparasita de ninfas de 3° instar de *Pauropsylla depressa* (placa 27).

Adicionalmente, uma ninfa de terceiro instar de *P. depressa* é parasitada por uma vespa endoparasitária encyrtida não identificada (Placa 26). Depois de se alimentar dos tecidos corporais do hospedeiro, a vespa põe ovos dentro do corpo do hospedeiro, faz uma múmia no hospedeiro e torna-se pupa dentro da múmia. Fazendo um buraco na múmia e escondendo-se atrás do mecónio e da casca vazia, o adulto emerge. A percentagem de parasitismo variou de 5 a 92% (Gráfico 2).

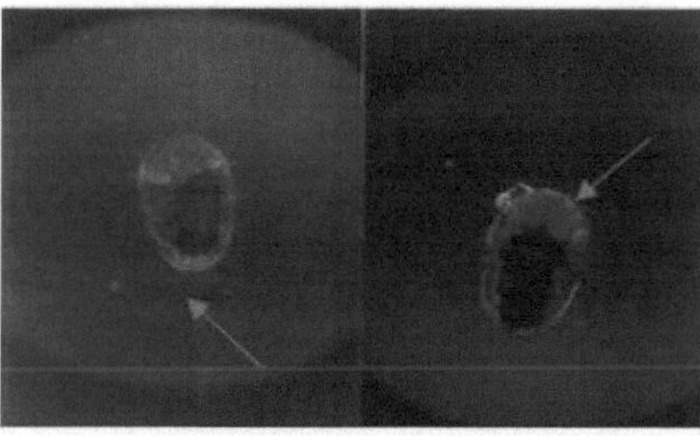

Placa 26: Vespa encyrtida adulta dentro do corpo de uma ninfa de terceiro instar de *P. depressa.*

Placa 27 : Ninfa de terceiro instar de *P. depressa.*

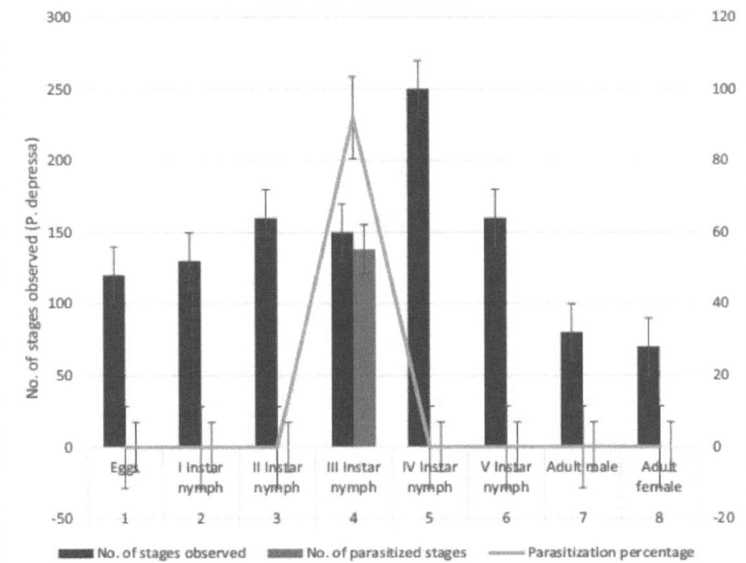

Gráfico 2: Percentagem de infestação por endoparasita da *vespa encyrtid* no corpo da ninfa de terceiro instar *de* P. *depressa* no mês de novembro de 2023.

4. COMPLEXO DE PARASITAS E PREDADORES DE *P. DEPRESSA*

Formigas *formicídeas* das *espécies Camponotus* e *Enictus*, que se alimentam de louva-a-deus *(Hierodula sp.),* de mina-comum (*Acridotherus tristis),* de bulbo-vermelho (*Pycnonotus cafer), o* tripes *(Cercothrip tibialis),* a aranha (*Aranarus tristis)* e um ácaro vermelho não identificado são os predadores de *P. depressa (*Placa 28*, 29, 30, 31, 32, 33,34).*

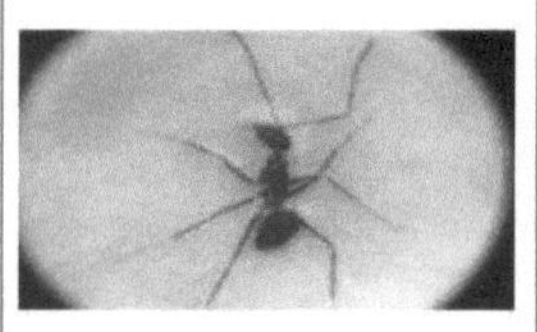 Plate 28: Ant of *Camponotus sp.*	 Plate 29: Preying mantts of *Hierodula sp*	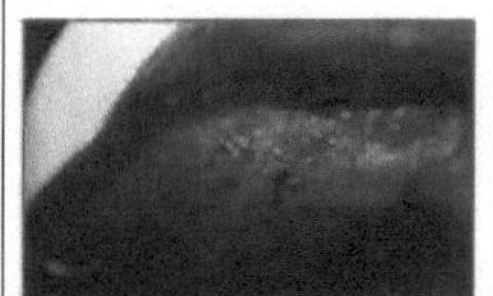 Plate 30: Red Mite

Placa 28: Formiga de *Camponotus sp.* Placa 29: Mantídeos predadores de *Hierodula sp*
Prato 30: Ácaro vermelho

 Plate 31: Spider of *Aranaeus sp*	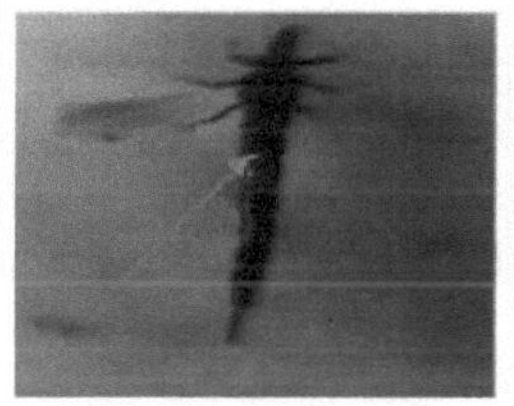 Plate 32: Thrip- *Cercothrip tibiais*	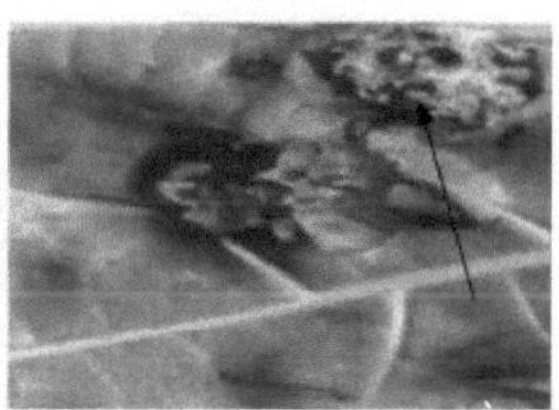 Plate 33: Fungus- *Aspergillus sp.*

Placa 31: *Aranha* de *Aranaeus sp Placa* 32: Thrip- *Cercothrip tibiais*
Placa 33: Fungo - *Aspergillus sp.*

 Plate 34: Common maina- *Acridotherus tristis*	 Plate 35: Infested gall insect by maina

Placa 34: Maina comum - *Acridotherus tristis* Placa 35: Inseto de galha infestado por maina

Agente patogénico - Observou-se também que as galhas e as ninfas são infestadas pelo fungo *Aspergillus flavipus.*

A percentagem de *bracon sp.* infestada em diferentes estádios da ninfa *P. depressa.* A percentagem de parasitismo variou de 4 a 45%. O ectoparasitóide larvar *Bracon sp.* (Hym.: Braconidae) foi descoberto perto de Bangalore, na Índia, preso ao tórax da larva hospedeira. Dentro do túnel que o seu hospedeiro tinha construído, transformou-se em pupa num casulo de seda e causou uma parasitagem que variou entre 9,2% e 28,1%. De acordo com Tewari e

Sardana (1987), foi considerado um parasitoide promissor. A investigação sobre a biologia dos parasitóides sugeriu que *B. brevicornis* era mais adequado para o hospedeiro de laboratório, *G. mellonella*. Isto contrastava com os resultados obtidos relativamente a *Bracon spp*. em *C. cephalonica*, o seu hospedeiro de laboratório, e *Chilo partellus* (Swinhoe), o seu hospedeiro natural. Temerak (1983) também referiu que *B. brevicornis* preferia parasitar e completar o seu ciclo de vida em *Earias spp., H. armigera* e *P. gossypiella* em vez de outros insectos hospedeiros possíveis. Além disso, de acordo com Thanavendan e Jeyarani (2010), *B. brevicornis* era mais adequado para *C. cephalonica* e *E. vittella,* os seus hospedeiros naturais.
A percentagem de infestação por endoparasitas da vespa encyrtid no corpo da ninfa de terceiro instar de *P. depressa* foi registada entre 5 e 92%. A percentagem de infestação por endoparasitas de vespas encyrtid dentro da ninfa de terceiro instar de *P. depressa* foi registada entre 5 e 92%. Um dos três principais parasitóides de *T. ni* no algodão (Ehler 1977) e noutras culturas na Califórnia é *Hyposoter exiguae* (Hym.: Ichneumonidae), um endoparasitóide solitário com uma capacidade limitada de discriminar entre hospedeiros parasitados e não parasitados (Beegle e Oatman 1975; Browning e Oatman 1984). Os voláteis de plantas produzidos por herbívoros servem como pistas de forrageamento cruciais para parasitóides que se alimentam de insetos herbívoros Turlings e Erb (2018). Como presas herbívoras, os besouros joaninha, hoverflies e lacewings também podem contar com voláteis de plantas induzidos por presas como pistas confiáveis para direcionar seus parasitóides para seus hospedeiros. Por exemplo, Orre *et al.*, (2010) demonstraram que o salicilato de metilo, um composto comum nas misturas voláteis libertadas pelas plantas em reação à herbivoria, atraiu *A. zealandica* (Figitidae), um parasitoide de larvas de crisopídeos. Como alternativa, pistas diretas relativas à presa do predador podem atuar como um mediador importante na localização do hospedeiro.

Formigas formicídeas das espécies Camponotus e Enictus, que se alimentam de louva-a-deus (*Hierodula sp.),* mina-comum (*Acridotherus tristis),* bulbo-vermelho (*Pycnonotus cafer*), tripes *(Cercothrip tibialis)*, aranha *(Aranarus tristis)* e um ácaro vermelho não identificado são os predadores de *P. depressa.* Observou-se também que as galhas e as ninfas são infestadas pelo agente patogénico *Aspergillus flavipus.* Estes agentes de biocontrolo são cruciais na regulação da população de *P. depressa.* Incluem as espécies bracon e a vespa encyrtid, que podem ser produzidas em massa no laboratório e libertadas no campo para monitorizar *P. depressa.*

BIBLIOGRAFIA

Barnes, H.F. "Gall midges (Cecidomyidae) as enemies of the Tingidae, Psyllidae, Aleurodidae and Coccidae." *Bulletin of Entomological Research*, vol. 21, 1930, pp. 319-329.

Beardsley, J.W. & Uchida, G.K. "Parasitas associados ao Psilídeo da Leucaena, *Heteropsylla cubana* Crawford, no Havai". *Proceedings of the Hawaiian Entomological Society*, no. 30, 1990, pp. 155-156.

Beegle, C.C., e E.R. Oatman. "Efeito de um vírus de poliedrose nuclear na relação entre Trichoplusia ni (Lepidoptera: Noctuidae) e o parasita, Hyposoter exiguae (Hymenoptera: Ichneumonidae)." *Journal of Invertebrate Pathology* 25 (1975): 59-71.

Beeson, C.F.C. "Forests Insects (Biological Notes)". 1941. pp. 799.

Blanche, K.R. Diversity of insect induced galls along a temperature rainfall gradient in the tropical savannah region of the Northern Territory. *Sociedade Ecológica da Austrália*. (2008).Vol. **25**: 4, p. 311 - 318.

Blstadt, S.H. & Hagen, K.S. "Controlo Biológico Clássico do Psilídeo da Acácia, *Acizzia uncatoides* (Homoptera: Psyllidae), e Interações Predador-Preza na Área da Baía de São Francisco". *Biological Control*, vol. 4, no. 4, 1994, pp. 319-327.

Browning, H.W. e E.R. Oatman. "Relações intra e interespecíficas entre alguns parasitas de Trichoplusia ni (Lepidoptera: Noctuidae)." *Environmental Entomology* 13 (1984): 551-556.

Carter, W. "Encyrtid parasites of *Pseudococcus brevipes* (Ckll.)." *Actas da Sociedade Entomológica Havaiana*, vol. 12, 1945, pp. 489.

Chapman, J.W., Nesbit R.L, Burgin L.E, Reynolds D.R, Smith A.D, Middleton D.R. Flight orientation behaviors promote optimal migration trajectories in high flying insects Science. (2010). Vol. **327**, pp. 682 - 685.

Chen, W.C. "Gall Forming Psyllids (Hemiptera - Psyllidae) on *Ficus* sp. in Taiwan and the Anatomy of Gall Tissue" (em chinês). Tese de mestrado, Universidade Nacional Chung H Sing, Taichung, 2005.

Ciglar, I. & Baric, B. "Controlo da Psylla da pera. *Psylla pyri* (*Homoptera: Psyllidae*) em pomares comerciais no Nordeste da Jugoslávia." *Ata Phytopathologica et Entomologica Hungarica*, vol. 27, no. 1-4, 1992, pp. 155-163.

Close, D.C., Beadle, C.L. The ecophysiology of folial anthocyanin. *Bot. Rev*. 2003, **69**: 149 - 161.

Debras, J.F., Causin, M. & Rieux, R. "Para o controlo dos psilídeos da pera nos pomares: Escolha de espécies para fazer sebes compostas". *Phytoma*, no. 529, 2000, pp. 34-36.

Denlinger, David, L. Up - regulation of heat shock proteins is essential for cold survival during insect diapause. *(PNAS*). 2007, Vol. **104**, no. 27, 11130 - 11137.

Dhiman, S.C., & Kumar, V. "Novo registo de *Pauropsylla depressa* Crawford em *Ficus lucescens* Blume". *J. Bombay Nat. Hist. Soc.*, vol. 79, no. 3, 1983, pp. 701-702.

Ehler, L.E. "Natural enemies of cabbage looper on cotton in the San Joaquin Valley." *Hilgardia* 45 (1977): 73-106.

Ferrière, Ch. "Un parasite de *Psyllia pyrisuga*". Ann. Soc. ent. França, Paris, vol. 95, 1926, pp. 189-94.

Funasaki, G.Y., Lai, P.Y., & Nakahara, L.M. "Status dos inimigos naturais de Heteropsylla cubana Crawford (Homoptera: Psyllidae) no Havaí". *Leucaena Psyllid: Problems and Management*, editado por B. Napompeth e K.G. Mac Dicken, Winrock International Institute for Agricultural Development, 1990, pp. 153-158.

Geiger, C.A. e Gutierrez, A.P. Ecologia de *Heteropsylla cubana* (Homoptera - Psyllidae). Danos causados por psilídeos. Fenologia das árvores, relações térmicas e parasitismo no campo. *Entomologia Ambiental*. 2000, **29**: 1, 76 - 86, 58 ref.

Gonçalves, Samuel, Moreira, Gilson, Isaias, Rosy. Um ciclo sazonal único num inseto indutor de galhas foliares: a formação de galhas no caule para dormência. *Jornal de História Natural*. 2009, Vol. **43**, Issue 13 - 14, pp. 843 - 854.

Gourlay, E.S. "Some parasitic hymenoptera of economic importance". *New Zealand Journal of Science and Technology*, vol. 2, 1930, pp. 339-343.

Heimpel, G.E. e Mills, N.J. *Biological Control: Ecologia e Aplicações*. Cambridge, Reino Unido: Cambridge Univ. Press, 2017.

Husain, M.A., e Nath, Lala Dina. "A história de vida de Tetrasticus radiatus parasita em Euphalerus citri Kuw. e o seu hiperparasita". *Report of the Proceedings of the Fifth Entomological Meeting Pusa*, 1923, pp. 123.

Inbar, M., Izhanki, I., Koplovich, A., Lupo, I., Silanikove, N., & Glasser, T., et al. "Why Do Many Galls Have Conspicuous Colors? A New Hypothesis". *Anthropode Plant Interaction*, vol. 4, 2010, pp. 1-6.

Jalali, S.K. & Singh, S.P. "Life-Table Studies on *Curinus coerulus* Mulsant, an Exotic Predator of *Heteropsylla cubana* Crawford." *Journal of Insect Science*, vol. 6, no. 2, 1993, pp. 281-282.

Kato, C.M., Auad, A.M. & Bueno, V.H.P. "Aspectos biológicos e ecológicos de *Olla-V. nigrum* (Mulsant, 1886) (Coleoptera: Coccinellidae) em *Psylla* sp. (Homoptera: Psyllidae)." *Ciencia e Agrotecnologia*, vol. 23, no. 1, 1999, pp. 19-23.

Kirtikar. K.R.; Basu, B.D. e um I.C.S. (Retd.) (revisto por Blatter, E.; Bivs, J.F.; Bhaskar, K.S e Lalit Mohan Basu). *Indian Medicinal Plants*, Allahabad. 1919, **4** vol. 2-3 rept. pp. 23-28.

Krysan, J.L. "Fenoxycarb and Diapause, a Possible Method of Control for Pear Psylla (*Homoptera: Psyllidae*)." *Journal of Economic Entomology*, vol. 83, no. 2, 1990, pp. 293-299.

Kumar, S., Prasad, L. and Khan, H.R. Observation on the biology of Tendu leaf gall forming insect *Trioza obsolata Bickton* (Homoptera - Psyllidae) and a control strategy Journal of *Tropical forestry*. 1989, Vol. **5** (4), 304 - 311.

Kumkum. "Morfogénese de galhas induzidas por *Pauropsylla depressa* Crawford (*Hemiptera: Psyllidae*) em *Ficus glomerata* Roxb. Leaves." *Journal of Applied Entomologist*, vol. 3, no. 1, 2023, pp. 49-53.

Kuniata, L.S. "Importação e estabelecimento de *Heteropsylla spinulosa* (Homoptera: Psyllidae) para o controlo biológico de *Mimosa invisa* na Papua Nova Guiné". *International Journal of Pest Management*, vol. 40, no. 1, 1994, pp. 64-65.

Kuniata, L.S. & Korowi, K.T. "Biological Control of the Giant Sensitive Plant with *Heteropsylla spinulosa* (Homoptera: Psyllidae) in Papua (New Guinea)." *Actas do Sexto Workshop de Entomologia Agrícola Tropical*, Darwin, Austrália, 11-15 de maio de 1998. *Technical Bulletin - Department of Primary Industry and Fisheries, Northern Territory of Australia*, n.º 288, 2001, pp. 145-151.

Kurian, C. "Description of a New Chalcid Parasite of Midge of Echinate Gall of Mango Leaf." *Agra Univ. J. Res. (Sci.)*, vol. 2, no. 2, 1953, pp. 241-246.

Lababidi, M.S. "Effects of Neem Azal T/S and Other Insecticides Against the Pistachio Psyllid *Agonoscena targionii* (Licht.) (Homoptera: Psyllidae) Under Field Conditions in Syria". *Anzeiger für Schädlingskunde*, vol. 75, no. 3, 2002, pp. 84-88.

Lababidi, M.S., Zebitz, C.P. Preliminary study on the Pistachio Psyllid (*Agonoscena*

largenonii Licht.) Psyllidae: Homoptera and its associated natural enemies in some regions of Syria. *Jornal Árabe de Proteção das Plantas.* 1995, Vol.**13** (2), pp. 62 - 68.
Lal, K. B. "Insectos parasitas de Psyllidae". *Parasitology*, vol. 26, 1934, pp. 325-334.
Lange, A.B., Drozdovskii, E.M. & Bushkovskaya, L.M. "Ancysitid Mites - Effective Predators of Small Phytophagous Pests". *Zashchita Rastenii*, no. 1, 1974, pp. 26-26.
Larguier, M. "Fenoxycarb in Control of the Pear Psyllid: *Psylla pyari* L. (*Homoptera: Psyllidae*)". *Medelinjen-van-de-Faculteit-Landbouwetenschappen Rijksuniversiteit-Gent*, vol. 56, no. 3b, 1991, pp. 1203-1210.
Leege, Liss, M. The relationship between psyllid leaf galls and redbay (Perseaborbonia) fitness traits in sun and shade. Spinger. 2006, Vol - **184 (2)**. pp. 203 - 212 (10).
Liu, S.D., Chang, Y.C. & Huang, Y.S. "Application of Entomopathogenic Fungi as Biological Control of *Leuaena* Psyllid, *Heteropsylla cubana* Crawford (*Homoptera: Psyllidae*) in Taiwan." *Plant Protection Bulletin-Taipei*, vol. 32, no. 1, 1990, pp. 49-58.
Loyn, R.H., Runnalls, R.G., Forward, G.Y. & Tyers, J. "Territorial Bell Miners and Other Birds Affecting Populations of Insect Prey". *Science, USA*, vol. 221, no. 4618, 1983, pp. 1411-1413.
Loyn, R.H., Runnalls, R.G., Forward, G.Y. & Tyers, J. "Territorial Bell Miners and Other Birds Affecting Populations of Insect Prey". *Science, USA*, vol. 221, no. 4618, 1983, pp. 1411-1413.
Mani, M.S. Entomological Survey of Himalaya. Introdução, descrição de gall midge (Itonididae : Diptera) e galhas de plantas dos Himalaias ocidentais. Agra Univ. *J. Res. (Sci.)* 1954, **3** (1): 13 - 42.
Mani, M.S. Plant galls of India (segunda edição), Science Publishers, Inc., Enfield New Hempshire. 477, 2000.
Mani, M.S. *Plant Galls of India.* 2ª ed., Science Publishers, Inc., Enfield New Hempshire, 2002
Mani, M.S. *Plant Galls of India.* The Macmillan Company India Ltd., Madras, 1973, pp. 1, 10, 273.
Mathur, R.N. sobre a biologia de Psyllidae, *Indian For. Rec.* 1935, **1**, 35 - 70.
Mathur, R.N. Psyllidae of Indian Subcotinent ICAR Publication, New Delhi, India, 1975, Pg. 3.
McFarland, C.D. & Hoy, M.A. "Survival of *Diaphorina citri* (*Homoptera: Psyllidae*) and Its Two Parasitoids, *Tamarixia radiata* (*Hymenoptera: Eulophidae*) and *Diaphorencyrtus aligarhensis* (*Hymenoptera: Encyrtidae*), Under Different Relative Humidities and Temperature Regimes." *Florida Entomology Circular Geneva*, no. 336, 2001, 4 pp. 6.
Mensah, R.K. & Madden, J.L. "Feeding Behaviour and Pest Status of *Ctenarytaina thysanuran* (Ferris and Klyver) (*Hemiptera: Psyllidae*) on *Boronia megastigma* (Nees) in Parasites and Hyperparasitoids." *Boletim OILB-SROP*, vol. 17, no. 2, 1992, pp. 99103.
Mohammed, M.A., Sheet, A.I. "An Ecological Study on the Pistachio Psyllid (*Agonoscena targionii*) (Licht) (*Homoptera: Psyllidae*), in Masul Region, Iraq." *Arab Journal of Plant Protection*, vol. 7, no. 2, 1989, pp. 138-142.
Nakahara, L.M. & Funasaki, G.Y. "Natural Enemies of the Leucaena Psyllid, *Heteropsylla cubana* Crawford (*Homoptera: Psyllidae*)." *Leucaena Research Reports*, vol. 7, 1986, pp. 9-12.
Negi, D.S. e B.S. Bisht. On the biology of Psyllid ***Pauropsylla depressa* Crawford** (Homoptera : Psyllidae). 1989, U.P.J. Zool, **9**: 253-257.

Orre, GUS, SD Wratten, M Jonsson, e RJ Hale. "Efeitos de uma planta volátil induzida por herbívoros em artrópodes de três níveis tróficos em brássicas". *Biological Control*, vol. 53, 2010, pp. 62-67.

Parker, R.N. A forest flora for Punjab with Hazara and Delhi. Superintendente, Govt. Printing, Lahore, 1933, pp - 9.

Pearson, R.S. e Brown, H.P.. Commercial timbers of India: Central Publication Branch, Culcutá, 1932, 2, 930 - 932.

Rahman, K.A. "Nymphal Stages: Exgalls on Leaves of *Ficus glomerata*, Pusa (Bihar) Lahore (Pakistan)." *Indian Journal of Agriculture*, vol. 1932.

Rohrbach, K.G., Beardsley, J.W., Germar, T.L., Reimer, N.J. e Sanford, W.G. "Mealybug wilt, mealybugs, and ants on pineapple." *Plant Disease*, vol. 72, 1988, pp. 558565.

Russo, RA. Field guide to plant galls of California and other western states. University of California Press Berkeley, 2007.

Sahu, S.R. and Mandal, S.K. Seasonal activity of Amaltas psyllid *Euphalerus villatus* Crawfor (Psyllidae: Hemiptera), *Environment and Ecology,* 1999, **17**:2, 509 - 510, 4 ref.

Singh, história de vida, ecologia e dinâmica populacional de *Trioza hirsute* Crawford (Homoptera - Psyllidae) uma praga de *T. tomentosa* W& A, 2003.

Singh, S. "O papel da folha de T. hirsute em T. tomentosa". *Annals of Plant Protection Science*, vol. 10, no. 2, 2002, pp. 243-247.

Tachikawa, T. "Um novo género de Encyrtidae parasita de um psilídeo". *Kontyu*, vol. 23, 1955, pp. 63-67.

Tachikawa, T. "A supplementary note on the genera of Encyrtidae parasitic on Psyllids." *Kontyu*, vol. 24, 1956, p. 173.

Temerak, S A. "An improved technique for producing a higher proportion of females in the parasitoid *Bracon brevicornis* Wesm. (Hym. Braconidae)". *Anzeiger fur Schadlingskunde Eflanzenschutz Umweltschutz,* vol. 56, no. 2, 1983, pp. 34-36.

Tewari, G.C. and Sardana, H.R. "An unusual heavy parasitisation of the brinjal shoot and fruit borer, *Leucinodes orbonalis* Guen, by a new braconid parasite." *Indian Journal of Entomology*, vol. 52, 1987, pp. 338-341.

Thanavendan G. e Jeyarani S. "Effect of different temperature regimes on the biology of *Bracon brevicornis* Wesmael (Braconidae: Hymenoptera) on different host larvae." *Journal of Biopesticides*, vol. 3, no. 2, 2010, pp. 441-444.

Thompson, W. R. "A catalogue of the Parasites and Predators of Insect Pests. 1. 3. Parasitas dos Hemiptera". *Serviço Imperial de Parasitas, Belleville*, 1944, 149 pp.

Turlings, TCJ, e M Erb. "Interações tritróficas mediadas por voláteis de plantas induzidos por herbívoros: mecanismos, relevância ecológica e potencial de aplicação." *Annu. Rev. Entomol.* 63 (2018): 433-52.

Waterston, J. "Notes on parasitic Hymenoptera". *Bulletin of Entomological Research*, vol. 14, 1923, pp. 103-108.

Waterston, J. "On the Chalcid parasites of Psyllidae." *Bulletin of Entomological Research*, vol. 13, 1922, pp. 41-58.

Galha na folha induzida por *Pauropsylla depressa*

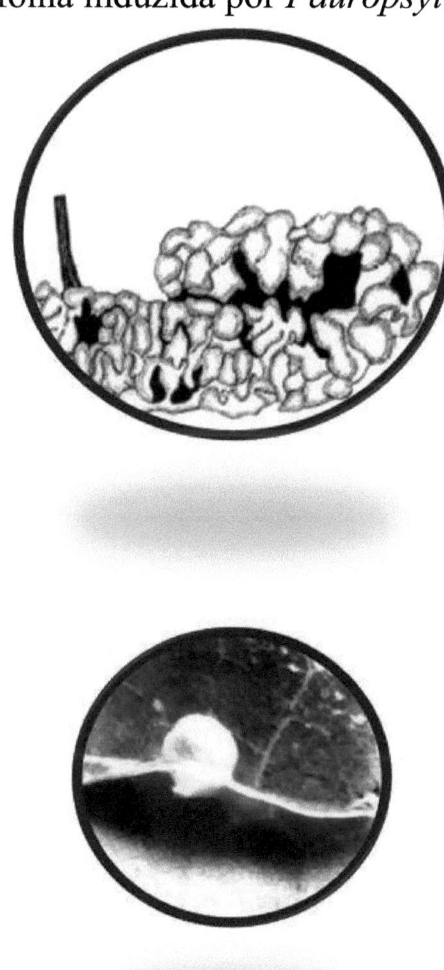

Printed by Books on Demand GmbH, Norderstedt / Germany